U0018793

幫**員工自己變優秀**的**神奇領導者** 經典新版

能問會聽、不靠權力
今日企業最需要的
教練型主管

前英特爾台灣暨中國區總經理
ICF認證教練
陳朝益 DAVID DAN ◎著

COACHING BASED
LEADERSHIP
How the Best Leaders Help Others to Grow?

一盞燈，一席話，一段路
——教練的術與道

　　企業教練（Coaching）引進台灣已經有十餘年了，現今已經滿地開花，認證和培訓機構到處林立，企業內部的教練文化也漸漸長成，這也是教練行業進入下一個階段「轉骨期」的關鍵時刻，早期的教練認證多是引進並應用國外成熟的教練技巧，我們下一步要如何發展呢？是提升「教練術」進入「生命教練之道」，基於我過往的教練經驗，我認為有兩個方向需要大家共同一起努力，這也是我修訂這本書的主要動機：第一是更重視與華人文化的接軌，「接地氣」是我教練的基石，其次是「全人教練」，不只在外在行為的改變，更著重在「心思意念」的覺察和改變，這是這本修訂版所要呈現的重要精神。

　　面對外在環境是如此的「多變，多元，複雜，不確定」（DDCU: Dynamics, Diversity, Complexity, Uncertainty），戰亂頻傳，AI 浪潮也急速的在興起以及新世代人進入職場對領導人的挑戰，這是一個關鍵時刻，我相信教練是最有價值的一盞燈。

　　教練是個專業的協助者，協助有企圖心的人邁向她自己心中理想的境界。

　　這是生命成長的奧秘，它崇高的使命深深的吸引著我，促使我由職場退下來之後再度進入教練學校進修學習，為的是轉化

自己成為一個「虛己，助人」的教練。我的生命導師曾經告訴我「人生上半場的歷練是為下半場預備的。」我期盼這個機會和角色。

我知道教練不是無所不能，依據每個人身心靈的狀態可以使用不同的方式來協助她成長改變。當一個人的心智尚未成熟時，她需要更多的灌能（Enablement）型的學習；及至心智長成，進入成人學習（Adult learning）的階段，在許多的關鍵時刻，她需要的協助是開竅（Enlightenment），需要的是「一盞燈，一席話，一段路」的生命教練。

教練最大的價值不只在於「傾聽，對話」，而是「喚醒生命，感動生命，成就生命」，讓對方在「感動後的行動」，由「知道到做到」的堅持，這需要教練定期的關心和陪伴，這是教練的基本功「用心，但是不要太用力」，這是「虛己，樹人」的道。

我在初入教練領域時，也取得許多的認證，這些都是教練工具箱需要的資源，我也認知這些工具能幫助我初步察覺對方外在的行為，但是無法深入「認識一個人」，它還是在「術」的領域，需要走進「道」的層級，就好似我不會只使用測評工具來檢視「領導力」「員工投入度（Employee Engagement）」「組織信任度」……等，教練需要建構一個安全的氛圍讓員工願意說出心底的感受，組織裡可能會有隱藏的「共錯結構」「跨文化壁壘」或是『信任障礙』。需要有更多元的角度來觀察；也需要有對在地文化的接軌，才能在傾聽後能提出「高衝擊力（High impact）」的問題，成為「一盞燈」，讓Coachee（與教練對話的學習人，或稱受教練者）看見未來。

教練也不會停止於「啊哈時刻」，而是協助Coachee願意由

知道邁向做到，這是「一段路」的陪伴，路上會經歷許多的挑戰，如何協助員工點亮自己生命中的那一盞燈，並且知道如何掌好自己的舵，繼續向前行，這是「一席話」開展的機緣，在每一個小的改變中，生命的成長就在發生，這是教練的道。

教練的使命在樹人，成就他人的生命，長成她們期待自己理想的樣式，這是我一生的志業，我樂此不疲。

陳朝益

新世紀專業經理人必讀的一本書

／曾憲章

全友電腦共同創辦人，「玉山科技協會」共同創辦人，美國百人會會員

　　《幫員工自己變優秀的神奇領導者》一書，是由前英特爾台灣及中國區總裁及首席代表陳朝益先生，積數十年經營企業經驗，再加上他最近三年的深入學習、研究、實踐，探討完成的一本好書，也是新世紀專業經理人必讀的一本書。

　　本書作者是我三十年的老友。1980年代，當我由美返台，在新竹科學園區創立「全友電腦」之後，朝益兄擔任英特爾台灣區總經理，因工作上的接觸，時有來往，當時就對他工作上的敬業、待人的誠懇，留下了深刻的印象。

　　1998年，我正式從電子行業的職場退休，開始我的「科技遊俠」生涯。隨後不久，朝益兄也從美國普思科技退休，一起加入了「協助年輕人創業」的公益行列，到處演講，擔任企業顧問。為了更進一步服務企業，朝益兄進入美國赫德遜學院，參加為期十八個月的「企業教練」（Coach）培訓，也取得正式的國際教練協會「認證」的企業教練，開始他更專業的教練生涯。

　　這本書中，有一句名言：「我們有鏡子，還是看不到自己，除非有光；企業教練就是經理人的那道光！」本人擔任年輕企業家的導師（Mentor），已經十餘年了，對Coach的功能，有較深

入的體會，Coach 可協助經理人看清自己，提供更專業化、更系統化的培訓，也就是提供「那道光」，看清自己的強項與潛能，將企業成員的心態，轉變為樂觀、積極與正向；勇於面對挑戰、釋放潛能，從而提升個人工作績效及企業競爭力。

傳統的培訓課程是較被動的、較單向的；是老師教、學員學；但它需要更多的轉化，才能轉為企業價值；也需更長的演練，才能融入個人的生活。 本書中所提的「教練型」的互動學習，是「以學員為主」的互動學習，教練少講、多聽、多問，發掘與釋放學員的潛能，是最佳的人才發展模式。

除了提供「教練型領導力」的理論基礎，本書更難得的是展示了應用實例供讀者參照；協助企業建立適合華人企業文化的模型、工具，並領導企業文化的轉型，也是一本幫助我們欲求「組織發展，人才發展，競爭力提升」的不可多得管理好書！

首版好評與推薦──

結合了東方的經驗智慧與西方對事對人的好奇心，陳先生擁有「追根究底，提升高度，展現視野」的能力，是現今不可多得的全球化企業教練。

── 美國赫德遜學院（Hudson Institute of Santa Barbara）
　　教練團

在一個以創意為核心能力的行業，需要時時激發員工的潛能並給予高度挑戰與支援，更需要有一種追求創新的文化，才能不斷超越客戶的需求。就我所知，「教練」（COACHING）也是基於相同的理念，來做更廣泛的發展與應用。

在這高度不確定的環境下，面對多元化的員工和市場，企業要保有創新競爭的活力，每個主管和經營者都必須由「能說」轉變成「能聽能問」的教練型經理人。陳先生的這本書，為今日的企業提供了最好的引導。

── 白崇亮，前奧美集團董事長

領導的特質是對下屬具有深遠的影響力，無需倚仗高職位的權威性。人力資源是企業組織最重要的資產。我在台灣的企業教練陳朝益先生，累積了數十年於領導者和企業教練的經驗，毫不藏私、鉅細靡遺地從最基本的「人與人之間的溝通」到最終的

「教練型經理人養成計畫」等教戰守則均載入本書中。刻劃出現代型優秀領導者所需具有的基本能力、魅力領導,以及其獨特的行為特質。

書中對領導者之心理建設、自我成長、正面態度及長遠視野,均有其獨到的解析。本書精彩絕倫、絲絲入扣、動人心弦,是現代型企業領導者的名燈和不可或缺的指導書。

—— 曾滄濱,美商鉑鎂生醫創辦人暨總裁、前順天生物科技總裁

我們都需要教練型的新領導力:「遊戲規則」變了,電子業從PC延伸到智慧手機、電子書、平板電腦,也帶動了網路、雲端與新興市場的崛起;過去的「China Price」也必將因為日前的鴻海(富士康)事件帶來的工資翻漲潮而質變(註),而這會讓世界有多大的改變呢?

現在的企業,面對的不僅僅是改變,而是「翻天覆地」的改變,企業不會自行存在因應改變的基因,而是不斷的從新案例中尋找啟示,這是我們不可能迴避的過程。

—— 黃欽勇,DIGITIMES電子時報暨IC之音董事長

*註:本書首版出版出版前夕,鴻海位於大陸的富士康工廠,因為屢屢發生員工自殘事件,而使該集團決定全面提高該廠基層員工報酬一事。

諾華（Novatis）引進企業教練已經有些年日，它已經成為我們績效管理與企業領導力文化的一部分。尊重每一個員工的價值和能力，支持他們在每個工作崗位上盡情發揮自己的能力和潛力。我很 高興知道陳朝益先生有系統的將教練介紹到台灣來，這對在轉型階段的企業是個好消息。

—— 陳文堂 ，前新加坡諾華亞太區人資總監

　　David（本書作者英文名）是我在英特爾的老同事，我很高興他在離開英特爾後再創高峰，做一個他擅長也是他喜歡做的事：企業教練。這對臺灣和中國企業未來的發展，這是一個非常有意義的事。

　　我們花許多時間在做策略，但我們常常忽略了人的要素，很完美的計畫裡少了「人味」，少了員工的參與，少了給員工舞臺來發揮他們的潛能，少了對員工的激勵與挑戰，這是大陸企業領導們的最大挑戰和機會；我深度認同教練是一個好的選擇來提升並達成這些目標，也讓我們在經營企業時，更有人性化，更人本，這是好企業文化的基礎，我曾親自使用過企業教練，我高度建議企業界的朋友們也來試試。

—— 楊敘，前英特爾公司全球副總裁兼中國區總裁

在我個人的職業發展中，David一直給予我啟迪和鼓勵，傳授思考的智慧，從一個外商的專業經理人，跨越企業文化屏障，融入到優秀的本地上市民營企業，成為轉型期的高層管理人員。受惠于David的教練型管理理念，我把自己的團隊建成了一個學習型組織，用三步曲「授之以漁」：

描繪願景，手把手的進行示範（How）

分解目標和任務，放手讓中階團隊實現（What）

鼓勵和提拔團隊，螺旋式上升，讓其自身思考方向和修訂目標（Why）

當企業藉此獲致良好的經濟效益時，更寶貴的財富則是也培養了一批優秀的中高層管理人員及學習文化，那可以持續的支撐公司的業務在全球擴張。

—— 邢科春，上海玖悅數碼科技有限公司創辦人

目錄

新版序｜一盞燈，一席話，一段路 —— 教練的術與道   003

首版推薦序｜新世紀專業經理人必讀的一本書／曾憲章   006

首版好評與推薦   008

前言｜做一個「建管道」的人   016

第1部
領導者的新挑戰——
當經營環境更波濤洶湧，你怎麼帶領團隊？

1 經理人的新角色——從「老師」變「教練」   028

遊戲規則變了！＼醫生的誤診與企業的錯誤決策＼教練的角色與責任＼為什麼我們需要教練技能？＼掌握教練技術難嗎？＼組織經理人為什麼要有教練技能？＼教練型組織的不同＼如何在組織內建立教練能力？＼為什麼需要教練？＼對新世代員工與外在壓力，你準備好了嗎？＼你的企業有「彼得原理」生存的空間嗎？

2 你是哪種領導人——想要掌聲，還是創造更多人才？   054

反思領導的八個模式＼領導力2.0：要培育「追隨者」還是「領導者」？＼不要只迷戀目標管理＼個人教練：領導人成功的秘密

第2部
優秀領導人如何幫助他人成長——
由「對事不對人」到「對事也對人」的
教練型文化

3 為什麼變？該怎麼變？教練型企業文化的管理新貌　　　078

文化是那看不見的水＼企業文化有多重要？＼什麼是教練型文化＼專業教練＼
對企業文化的定期體檢和機制建立＼讓高層領導人認知企業教練價值：教練型
文化會帶來的事＼別讓「該怎麼辦？」這個問題遲到＼引進「企業教練」的六
個步驟＼讓「教練型」企業文化生根＼企業教練型文化小體檢：我們現在在哪
裡？＼一場最重要的企業文化變革＼思科的轉型

4 從好到優秀的領導——如何培養教練型經理人？　　　106

成功企業的兩個重要指標＼要成功，先成為一個優秀的經理人＼美國總統歐巴
馬上任90天的「領導力檢驗表」＼「人的問題」：企業當前的重大困境＼如何
成為「教練型主管」？領導力的發展藍圖＼領導人的兩個最佳教練模式：教導型
與引導型＼教練能為你做什麼？企業教練的十個基本能力＼如何有效發揮教練
的能量？＼如何評估教練專案的效果？

第3部
陪他走好這一段路──
教練型主管的必備能力

5　靜下來才能專注──**教練模型介紹（1）**　　　　　　　　*142*

懷錶的故事＼在與學員對談的時候，你看到什麼？＼PCA潛能啟動模型＼8P，生命的規律＼8C，人格特質＼8A，動機與態度＼8Q：全人的能力商數＼A・C・E・R教練模型：教練模型的基礎＼自我評估，認知與自我接納＼時時更新我們的「心理羅盤」GROWS 2.0模型＼6D肯定式探尋教練法＼如何釋放人的潛能？＼教練教導流程

6　人生有許多十字路口──**教練模型介紹（2）**　　　　　　*186*

人生的十字路口＼約哈瑞窗口：為什麼我不讓你知道我是誰？＼你願意拿下面具，面向你認識的人嗎？＼轉危為機：邁向目標＼人際關係價值網路＼價值觀：哪些事對我重要？＼80／20法則＼前饋及回饋＼順勢而為的領導力＼六個奇妙的數字

7　幫人看見自己的幾道光──**教練的百寶箱**　　　　　　　　*214*

要能靜下來：但熱情不變＼正向積極的心態：我很不錯＼要能全神貫注：我選擇現在專注＼要能專心傾聽：我聽懂了＼提「有效問題」的能力：是什麼？為什麼？憑什麼？＼教練型的高效會議：你們認為該怎麼辦呢？＼換個角度看問題：這是好機會＼角色的轉換：我是領導人，我也是教練＼如何做「有效溝通」？我不關心，所以我不知道＼面對改變（轉型）時的阻力：發生了什麼事？＼自我管理：昨天，今天和明天＼差異性：黑色的氣球會不會飛？＼「時時更新」的能力和機制：這怎麼可能？＼一個80歲智者給你的一封信＼你要為我的快樂負責＼做別人的鏡子和回音板＼情商：我瞭解你的心情＼學習力：由教訓教導到教練的成長與轉型＼抱歉我搞砸了：做錯事要能道歉，做個有擔當的人

8　太多時候，你總需要一場談話──**教練的各種角色**　　　*254*

教練是企業內學習活動的一環＼人生的轉型教練＼創業教練＼創新教練＼績效改善教練＼高層主管教練＼團隊教練＼一對一的教練＼企業變革教練＼接班人教練＼跨文化教練＼人生下半場教練

第4部
我們還在不斷探索學習

9　人人可以成為好教練！　　　298

如何找到你合適的教練・做自己的教練＼做你團隊的教練＼做個「即時」的教練＼做個不斷的學習者・創造急迫感的領導者

10　訪談──國內外企業的教練運作　　　312

「A公司」的教練體制：全球半導體龍頭企業＼諾基亞＼「T公司」世界級半導體晶片設計製造大廠＼Google的科技導師＼微軟＼Q公司（全球無線通訊高新科技企業）＼奇異內部的人才培育機制＼Adobe公司的ALE領導人培育計畫＼福特汽車＼美國泰勒發高球球具公司的「企業教練」系統＼Ernst & Young的「內部企業教練」培育系統＼J公司（全球最大農機具製造集團）＼美國凱撒醫療保險服務集團＼社會福利國家的「教練」服務機制＼夏威夷教育局的教練專案（旅遊發展教育）＼美國城市交響樂團教練＼臺灣G公司：一家傳統行業的中型企業・在臺灣外商C公司的接班人教練

11　不同角度看問題──成功教練的專業境界　　　344

教練和導師、顧問的差異與不同價值＼企業高層領導人間的共同小秘密＼內部及外部企業教練的定位＼真正的教練，使用有規矩・跟教練學什麼？可以做什麼？應該做什麼？＼一個更重要的選擇

謝辭　關鍵時刻　　　360
附錄　關於教練的20個基本問題　　　362

做一個「建管道」的人

一盞燈，一席話，一段路；教練是在你生命中的關鍵時刻，協助你找到自己的目標方向，熱情和動力，並陪你走一段路的人！

教練不是給魚吃，教練是培育你能釣到「自己喜歡吃的魚」的能力！

我和教練（Coaching）的邂逅

在2006年6月份的某一天，我和英特爾總部教練項目的負責人派克（Mariann Pike）女士有了一段改變我一生的談話；在我承接英特爾（INTEL）中國區高階主管教練專案後，她問了我一個簡單的問題：我和學員在教練過程時是我說話的時間多，還是對方說話的時間多？她說雖然是老東家、老朋友，但是就事論事，英特爾要的是「人才發展的教練，而不是老師傅（Mentor）」，如果我說話的時間超過25％，還是不斷的講，那我就不在做教練，而是做教導型的師傅，在做自己經驗的傳承！當時這給我一個當頭棒喝！很明顯的我是不夠格。

派克很耐心的告訴我什麼是教練，它和我現在做的「教導」有什麼不同，為什麼她們只要請「教練」？同時也仔細的告訴我英特爾如何評估和引進「外部教練」，如何能被「資格認定」？這一切的一切，對我都是如此的新鮮和迷人，我的直覺告訴我這就是我要的「人生下半場」！要成為「關鍵時刻」的教練！而不是在退休後拿著舊頭銜到老朋友的企業做顧問或董事，我看到我自己的熱情點和動力；在這「關鍵時刻」，我也感受到我能夠提供更好的價值給企業界的朋友們！

「叫我陳教練」！

　　在我進一步瞭解教練後，我發覺有全球許多的教練學校，許多的教練應用，許多的教練方法和工具；在美國有常春藤大學在開課，有專門的教練學院，也有網路教學的，看看錄影光碟就可以了，那我該做什麼選擇呢？我不得不再回去找派克女士，她也是有執照的教練，她不評論其他企業的看法和做法，她開頭就問我，「你要的是執照，還是學習的能力？」另外她還告訴我她公司的兩個選擇條件，第一必須要有ICF（國際教練協會）認定的教練執照，而且她只認定三個教練學院畢業的認證教練。這大大的省去我選擇的困擾，這是一盞明燈。這個機緣讓我在赫德遜（Hudson Institue）教練學院由頭到尾紮紮實實的學習了近一年半的功夫，我是徹底的被改變了，我成為一個認證教練！而且結交了許多企業界的資深教練朋友！

　　教練不是一個頭銜，我在經過洗練後，有如浴火重生，我以前認為做事「SMART」（聰敏）的能力慢慢在減低，不再「快速做決策，很強的個人直覺和堅持，善於對外做溝通，喜歡教導

人」，我變成了「有耐心傾聽，好奇的問」，我特別喜歡問「你認為呢？是什麼、為什麼？憑什麼？」，年輕人第一次和我談話後會告訴我：「和你談話好累！」他們要再好好想想才能行動！自己要做決定，要自己學會負責，我告訴他們這不是「一般人」做的事，特別是企業主管！

當然，事後很多人會再回來謝謝我對他們的幫助，他們會不斷的在「關鍵時刻」回來找我。我知道我是在做他們的教練，我是合格的「陳教練」了！

關鍵時刻

那何時是該和教練談話的「關鍵時刻」呢？我個人的體驗是：

第一，這件事你自己拿不定主意，而必需靠外來專業的協助時；這可能是自己的人生規劃，交友或是企業經營者的重要決策；我們常聽「當自己不做決定時，他人就會幫你做決定了」，你願意嗎？

第二，這件事對你很重要，會產生很大的影響。可能是個人的一生，可能是企業的決策或改變。

第三，它必須是很急，要有急迫感。

這時候，找個你能信得過、談得來的教練就對了。

做個建管道的人

認識我的朋友都知道，我的人生下半場目標是「有意義」
（Significance）和「有衝擊」（Impact），對自己和對他人以及
社會都有作用；我本來計畫好好為一些需要的人提供教練服務就
可以達成這個目的，直到有一天我看到一本書《做個建管道的
人》後，我忽然驚醒：如果我能幫助一群人成為好教練或是培育
更多好的「教練型」主管，為什麼我只做「一對一」教練？

當然，我也還牢記在心另一件事：在教練眼中，「N不一定
大於1」（「多」不一定比「精」好），能幫助一個好的領軍者成
功，它對社會的貢獻也很高。於是我新的志向是：持續做「一對
一」的教練，繼續服務有需要及有心追求成長的個人；我也可以
藉著服務他人來學習，做總結並沉澱些好東西下來，與大家一起
分享，特別是在這一個高度「多元化，多變化，複雜化及不確定
性高」的時代，我們要面對許多沒有預備好的事件，這樣「邊做
邊學」是很好的。

但我也提醒自己，不要忘記要不斷的做「建管道」的事，
寫「書」或開「培訓班」，讓更多的人受惠，與更多的人分享，
不管這「管道」能流出多少「甘泉」來，也不計較它能幫助多少
人，這是我寫這本書的用心和動機。

這本書先於2010年1月在中國出版，簡體版的書名是《新領
導力：由教訓型到教練型經理人》，我在出版繁體版時在內容上
做了一些強化，特別是本地案例的選擇，讓本書更有可讀性。

我寫這本書的動機也是要解答以下幾個基本問題：

為什麼我們需要學習教練型領導力？它合適我們的管理環境

嗎？對我們的企業有價值嗎？

到底這個行業在國內外發展得怎麼樣了？有什麼經驗可以參考？為此我訪談了24家企業，寫了18個案例給大家參考，包含了臺灣的兩個案例，都是很有價值的參考資料。

對有興趣學習發展「教練型領導力」的企業和個人有什麼建議？

介紹教練的模型工具及一些應用案例，以讓有興趣的企業或個人來確定這項服務及能力對他們是否合適。

我沒有企圖心將這本書定位為專業的學術或理論著作，而是期望能提供給企業和經理人一本較國際化的教練力工具實踐書；它是我個人多年來對「教練力」的學習實踐和智慧沉澱總結，同時它也深度考量了實踐的機會和環境。希望藉著這本書，我們不只是做個「建管道」的人，我們也願意成為一個管道，讓「教練力」經由這本書流向每個有需要有熱情學習的企業及個人。

本書的架構

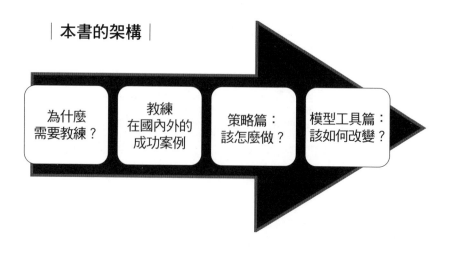

為什麼需要教練？　教練在國內外的成功案例　策略篇：該怎麼做？　模型工具篇：該如何改變？

至於這本書的基礎架構是：

第一部分是談「領導人的新挑戰：經營環境波濤洶湧，經營者該怎麼辦？」

在面對大環境的變化，「多元化，多變化，複雜化及不確定性」（Dynamics, Diversity, Complexity, Uncertainty；DDCU）都高時，企業如何以更好的領導方式來面對挑戰，它們由「教訓教導」到「教練領導」轉型的必需性和急迫性如何。其次是新世代的新一代工作者，在企業內的價值越來越重要，企業內領導與管理模式的改變也有其必需性和急迫性，才能完全發揮他們的潛能與特色，成為企業新的核心能量。

第二部分是談「優秀領導人如何幫助他人成長？」

這個問題的關鍵是建立一個好的企業文化。

針對我們對國際企業的調查及分析，對行業專家的請益，還有個人對企業教練的專業學習，以及過去在國內外組織經營與領導的心得與對目前企業經營環境的認知，我大膽的針對這兩大主題提出一些建議，包括了：

教練型企業文化怎麼建立？

「教練型領導者」在企業內的培育機制及實踐計畫。

第三部分是「教練型主管必備的能力」

這一部會介紹教練的一些基本思路、模型、工具和應用案例。目的是提供一個展示平台與企業內的組織發展專家們互相切磋。

教練早期是由運動員的教練延伸到企業界來，一個好的運動

員教練不只在硬實力上強化運動員，而且在軟實力上要下很大的功夫，如何發揮運動員的強項及潛能？如何將他的心態擺對，正向積極，面對自己，面對挑戰；這都是企業教練的根本能力。我用了些模型，工具及應用案例來解釋教練的價值與實踐。我們相信一個人的外在能力或行為是和他的全人「本相和自我」息息相關，而不能只是在部分著力，我們會花些章節介紹「如何發展全人的潛能本源」的幾種辦法。

不論對教練專家對個人或是企業客戶，「教練」還是一個嶄新的能力發展模式，它是「科學」與「藝術」的綜合體，有些部分它能沉澱成為模型，可是當它實踐複製的時候又是因人因時而異，它也會與文化背景息息相關。

大多數的人都會同意「教練」對個人或是企業都非常有價值，但是到現在還沒有一個公認量化的評估工具來回答「它為企業提供了多少價值」，有時它可能是無價的。

第四部是「我們還在不斷探索學習」

最後一部除了談談「人人可以成為一個好教練」外，我們特別在這個時候要介紹「企業教練運作的成功案例及經驗總結」，也介紹國內外大中型企業的成功案例，我們採訪了24家企業，寫下18個頗具代表性的案例。包含幾個在臺灣的案例。我們在確定這些企業名單是兼顧「領先性」及「合適性」，領先性是要有較好的成效讓我們可以參考學習，合適性是他們的運作經驗及對全球化人才發展的深度對我們有參考價值。

我在書中列出了這些企業的名單，但絕大多數的受訪者都不願意用個人及企業掛名，因這要經過很長的企業律師核可流程。很多企業願意公開接受採訪，但也有很多的企業認為這是「企業

機密」。我謝謝這些企業及個人給我個人提供的協助，他們大部分是企業內「教練專案」經理人或是更高的層級；有一個美國的教練協會也很驚訝我的這份報告，認為這不只對臺灣或中國企業，對美國的企業也是非常有價值的資訊。

在這些採訪中，我會請教企業以下的一些問題：

你們公司引進「企業教練」的動機及時空背景是什麼，你認為「企業教練」專案的成功要件是什麼？

你們公司的「企業教練」系統是如何建置的？流程又是如何？公司的「企業教練」專案主要是為哪些人服務？

你們對外部「企業教練」是如何做資格審核的？誰來做？

你們公司有內部的「企業教練」嗎？你們內部與外部企業教練的比率如何？如何建立你們「內部企業教練」機制？它是如何運作的？一般的教練專案合約為期多長？你們有對教練的評估系統嗎？內容是什麼嗎？

針對某個教練專案，如果你們能重來一次，你們會有什麼不同的做法嗎？你對臺灣及中國的企業引進教練項目有什麼好的建議嗎？

由培訓到學習，由教導到教練

現在許多企業已開始大力發展學習型組織，將傳統的「培訓」項目轉變成為「學習」活動，它的差別在於參與者或學習者的動機。

「培訓」比較上是較被動的或單向的，是老師教、學員學，它需要更多的智慧轉化才能成為企業價值；「學習」則是以學員

或企業為主的學習活動，瞭解他們的需要，為他們量身定做，不在教導，而在互動學習；基於這個基礎，往上再長出來「教練型的互動學習」模式，它的特色是：以學員個人或團隊為主的互動學習，教練少講多聽多問，點亮學員（們）心中的潛能，讓它能釋放出來，並陪他們走一段路；這已被公認是最佳的人才發展模式。

在高速變化、高速反應的時代，經理人往往被要求要能「快速反應，快速決策」，他們的領導方法及心態會偏重於「教訓」型，給「指示」或「方針」，而較沒有耐心詢問員工的想法，這是「父母」對「小孩」的「教訓型」管理，這在辦公室隨處可見。

而教練的責任和目的就是要轉變這領導模式，讓經理人能改變心態，由「父母」對「孩子」的心態，改變成為「成人」對

｜從教訓型到教練型｜

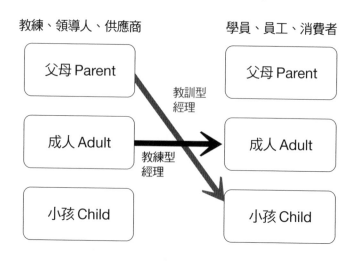

「成人」的討論，互相尊重，開放參與，給予選擇，給予激勵，建立容許失敗的新領導環境，讓員工有做主人的心態，這正是本書的主題。

為你而寫的教練力轉型書

本書還有一個特色，我們希望這是你個人的「教練力轉型書」，這是你的「教練力」的成長紀錄，在每章最後我們會留下時間和空間的空白，使用我個人發展出來的「RAA」（Reflection, Renewal, Application, Action；反思、更新、應用、行動）模型清單，問你幾個基本問題：你學到什麼？哪些對你有感動？你如何使用在你身上？什麼時候開始啟動？

我們都很擅長建立願景做決定，但我們最大的障礙是「啟動」——如何走出第一步？

在學習一個新知識和能力後，我們要學會靜下來，做反思及更新的動作，並勇敢的踏出第一步。看了這本書也希望你自問：我學到什麼？如何用到我的身上，改變我的思路及行為？何時啟程？請你寫下來，做承諾啟動；讓我陪你走一段路！

也歡迎你寄送電子郵件給我，告訴我你看完這本書後學到什麼？什麼對你有感動？決定做什麼改變？如何改變？什麼時候啟動？

很高興將這份成果呈現在大家的面前，相信這不論對我個人或是對教練這個行業在臺灣及中國的發展，都是一個嶄新的開始！

第 1 部

領導者的新挑戰：
當經營環境更波濤洶湧，
你怎麼帶領團隊？

有個年輕人剛買了一個新斧頭，他很高興每一天可以砍十顆樹，到第二周就慢下來，只能每天砍七顆樹，第三周剩下每天五棵樹。他的朋友就問他為什麼不停下來磨利他的斧頭再繼續砍？他說，「我正忙著砍樹，為的是能達成目標，我那有時間磨斧頭？」

你是這種領導人嗎？時代變了，你手上的工具可能鈍了或不管用了，你要停下來磨利它呢？還是仍悶著頭努力幹活？

你是位是企業裡的領導者嗎？你面對這樣的員工或幹部，你會鼓勵他的苦幹實幹，還是你會坐下來，泡杯茶，和他談談如何更有效的達成他的目標？告訴他除了努力之外，他還有許多新的選擇，比如磨利斧頭（改善能力），又比如投資買一把電鋸（換腦袋革新）及其他選項。

現在，也是一個「好」領導人要提升成「優秀」領導人的最佳時機，他（她）必須面對這不確定的環境做轉型，由一個「教訓教導」轉變成為「教練型」的領導人；不只是自己優秀，更要有一個比自己優秀的團隊；「教練型」領導力已成為現今優秀領導人必備的能力。

這一部，要開始告訴你怎麼做。

經理人的新角色——
從「老師」變「教練」

與改變世界相比，
改變自己是一件更難的事。
——南非前總統曼德拉

遊戲規則變了！

要是有場網球比賽，裁判在開始時宣布：「這場球賽的比賽規則是贏得球賽的人出局，輸球的人晉級」。如果你是當時參加球賽的球員，你會怎麼打這場球？當遊戲規則變了，哪些是新的「制勝關鍵」？我該怎麼打才能拿到總冠軍？如果有場籃球賽用的是足球賽的規則，那我們又該怎麼辦？

現在，我們面對的環境也一樣，很多過去的「制勝關鍵」現在可能不再管用，但我們也暫時說不準新球賽的遊戲規則，這就是我們未來要面對的新環境特質DDCU：多元性、多變性、複雜性及不確定性（Diversity, Dynamics, Complexity & Uncertainty）。這不是暫時的變化，而將是未來經營的常態。

其次是新世代人群在企業內的價值越來越重要，而他們有其特色，比如創新能力，互動能力，團隊合作能力……等等，但是他們的做事心態也和老一代人不同，企業內領導與管理模式的改變是必需的和急迫的，如此才能完全發揮這群人的潛能與特色，成為企業新的核心能量。

這是一個我們從未經歷過的大海嘯，未來十年最火紅的十種行業或市場機會，現在可能都還不存在，企業領導們要面對還不存在的機會，使用還未發明的技術，面對並不太明確的遊戲規則，要組織新一代的員工，共同來解決從未遇到過的問題，我們該怎麼辦？本書要談的企業「教練」正可以有效的幫助經理人轉型來面對這些挑戰。

《哈佛商業評論》最近有一篇文章談「企業為什麼會失敗？」，這位作者開宗明義的說，在這時代已經沒法談「如何成

功了」，因為大環境在改變，遊戲規則也改變了。但是他認為
「失敗的原因」還比較真確，這致命的三大原因是：

人才：忽視人才發展的態度必須改變，沒有預先處理變革阻
力，用人不當，對新世代人群新領導力的轉變，權力鬥爭以及內
部跨部門協力的缺失等都是企業之癌。

破壞性的創新：新技術及標準的變化及應用會使沒能力的企
業失敗。

企業的競爭力：沒有及時完全掌握市場環境的變化，做適時
的組織轉型，商業模式轉換以及最終用戶的關係經營是企業失敗
之源。

想激化企業的活力，匯集團隊的智力一起來面對外在的機會
或危機，企業教練是個最佳選擇。我們確信每次重大改變時，也
會帶來無窮的機會，只是其中還有許多的「挑戰」，因為危機對
我們是「危險」和「機會」並存，如何面對危險，掌握機會，這
是每一個經營者每天都會面對的。就如英特爾總裁歐德甯最近說
的：「審度變化，適應變化，駕馭變化是企業由求生存走向成功
的要件。」

也因為這種劇烈的變化，請讓我們承認一件事：很多過去的
領導方法或領導者角色，真到了該調整的時候了。

醫生的誤診與企業的錯誤決策

美國前聯準會主席葛林斯潘於2010年4月7日在美國國會作
證時說，「由今日的角度來看，我在位時做了將近有30％的錯誤

決策」，對這位廣受尊敬且信譽卓著的前金融界領導人，他的說詞使美國人大吃一驚。

最近，我也看了一篇報導專訪一位中國的病理學專家紀小龍教授，他說「病理研究」有個俗稱是「醫生的醫生」（doctor's dotcot）。紀小龍並且在訪問中指出：醫生的診斷有三成可能是誤診。

他說，如果在門診看病，誤診率是50％，如果你住到醫院裡，年輕醫生看了，其他的醫生也看了，大家也查訪、討論了，該做的超音波檢查、電腦斷層掃瞄、化驗全做完了，誤診率是30％。

人體是個很複雜的東西。每個醫生都希望手到病除，也都希望誤診率降到最低，但是再想控制也控制不住。只要當醫生，沒有不誤診的。小醫生小錯，大醫生大錯，新醫生新錯，老醫生老錯，因為大醫生、老醫生遇到的疑難病例多啊！這是規律。美國的誤診率是40％左右，英國的誤診率是50％左右。誤診的原因是多方面的，太複雜、一時說不清，但是這裡可以告訴大家一個原則：

如果在一家醫院、被一個醫生診斷得了什麼病，你一定要徵得第二家醫院的核實。這是個最簡單的減少誤診方法。而同樣的，企業主管的決策也可能會錯，那我們該怎麼減少「誤診」？

這個觀察，在企業面對機會與困境的決策時是否也很相似？小主管小錯、大主管大錯、新主管新錯，老主管老錯；因為大主管面對的環境是多元的、善變的、複雜的、不確定的。醫生做了這麼多的分析研究，都還有三成的誤診率，我們真不敢想像在這現今複雜的環境，我們的主管們的誤診率有多高？紀小龍教授要求病人要徵得第二家醫院的核實，這是個最簡單的減少誤診方

法。那麼企業高層主管怎麼辦呢？依照我對國外企業做的調查，使用企業教練就是企業高層主管間的小秘密，這是他們減少企業誤診的訣竅。

在這個多元化，多變化，複雜化及不確定的環境，在很多時候我們還是用舊思維、舊腦袋在處理今天，甚至明天的問題，這都有可能犯下大錯。企業教練能力能幫助你解決這個困境。前奇異總裁傑克·威爾許，是大家公認的「超級領導人」，但你知道他一直有一位教練嗎？

福特汽車，英特爾……等公司的高層主管也都有個人的企業教練，並不是他們要依靠外來的智者為他們做決策，而是他們要有「跳開企業經營規範」的不同角度思路和洞見，來掌握機會，開拓格局，減低風險。教練能經由「有目的」的交談為學員釐清思路，提升高度，跳開現場格局，換個角度看問題。那這些人的教練在做什麼呢？

教練的角色與責任

教練是將有心改變的人帶他（在本書裡也指「她」）到他（學員）想要去的地方；經由教練方法，激勵學員自我認知，激發熱情和強化意志力，並且陪他走一段路，不只是要有執行力，更要有持續力，成為他生命的習慣；教練相信學員自己心裡有答案，他可能知道也可能不確定，教練要能藉由雙向溝通，幫助學員找到自我，找到自己的痛苦點、盲點和甜蜜點；讓學員在眾多的選擇中找出自己最有熱情動力的方案，然後再往前行。

有人常會問我「教練做什麼？不做什麼？」，我喜歡用一個圖來涵蓋教練流程裡的幾個關鍵點來說明「教練做什麼？」，這

圖1.1 │ 教練的角色和責任(1) │

出處：《鏡子：與教練對話》

是藉用傅麗英女士所著的《鏡子：與教練對話》一書內的模式；我個人再做了小部分的發展，包括了：Exploration（引爆潛能），Navigation（找出方向），Reflection & Renewal（反思和更新），Inspiration（不斷激勵），Challenge（挑戰更高標準），Habit（成為習慣）。（請見圖1.1）

教練是藉著「一盞燈、一席話，陪學員走一段路」，藉著互動性的對談，協助他找到自己的目標和道路，自己做選擇，決定做最好的自己，而非像專家顧問一樣，他們可能給你另一雙不合適的（專業）大鞋，讓你走不動或走不遠。

那教練不做什麼呢？或不是什麼呢？教練不給魚吃，只教你釣魚的技術；當你面對問題時，教練和你一起找到你自己最合適的解決方案；教練不做對與錯，好與不好的判斷，經由教練談話流程，幫你找到自我，自我的目標方向，自我做決策，並採取行動。教練幫助你做最好的自己，只有對你合不合適，沒有好與不好。

為什麼我們需要教練技能？

今天我們每一家企業都是服務業，單純的生產商將冒較大的風險。我們舉個2008年底在美國發生的大事：通用和克萊斯勒兩家汽車公司要求美國政府救濟，通用甚至提出破產保護，可是福特汽車卻不需要幫忙，業務平穩、現金流健康；它們的差別在哪兒？最大的差別就在於通用和克萊斯勒都還是停留在「生產廠商」，追求產能最大化而不管經銷管道能否賣得了，強迫吃貨，再不行就給貸款吃貨，再不行就再加增新的經銷商。這是生產導向的企業。

可是福特汽車在兩年前引進新總裁，他原任波音飛機的副總裁，他來的第一個動作就是「打破行業規矩」，依「市場需求」做生產計畫，他在幾年前就開始裁員，增加合作夥伴，在今天它是美國汽車業的唯一倖存者，到2009年5月份，通用汽車的股票在過去一年跌幅慘烈，福特的市價卻漲了四倍。

在這服務掛帥的時代，企業要能成功，經理人或領導人要專注在兩大方面：

效率的提升：這是專業經理人一直在做的事。效率包含數量

及品質；不只要追求成果，也要能確保品質，這是客戶滿意的基石。

活力的提升：這是新的挑戰。要能提供一個好的環境，讓員工能盡情發揮，釋放潛能，士氣高，凝聚力強，願意主動的參與並承擔更多團隊的責任，員工快樂，客戶滿意，老闆也滿意。特別是面對新世代，這是一個大的成長爆發點，但如果經理人還沒有預備好，也可能是一個壓力點。

今日新的經理人，不只是要能管理領導，也要能做他們的導師及教練。在2009年初，美國一個諮詢顧問企業斯坦福（STANDFORD）的調查研究報告裡提到：企業的創新能量決定於員工與企業的關係；百分之七十三的企業高層同意「要員工積極參與做一個專案，最有效的方法就是很清楚的和他們溝通為什麼要做這事？並邀請他們在早期就參與」，換句話說就是「讓員工有主人翁的心態」。

在這多元化，多變化，複雜化，不確定的時代，經理人及領導人那種過去靠少數人的決策風險會大大的提高，他們需要更多更開放的合作夥伴關係，需要積極的改變自己及組織的運作模式，來面對市場；也因為這樣，以下還只是其中一些較大的變化：

客戶以及合作夥伴參與新產品研發。

員工參與創新活動。（市場，產品，流程，服務，品質……）

多元文化的人才引進，願意接受不同的思路。

鯰魚文化：能傾聽「異見」，能包容在企業內有「夢想者，

實踐者及批判者」並存。

複雜：能由不同角度看問題，有靈活性，能認錯，跌倒了，趕快站起來再跑。

這不再是一個英明領導人說了算的時代，而是一個「強強聯合，優勢互補」的新社會，由企業內部開始啟動再往外延伸，相互間存在的是尊重和合作。領導管理的模式由早期的「教訓，教導」要再加進「教練」的新元素。

那什麼是教練的基本能力呢？我用一個簡圖來說明：（圖1.2）

要能聆聽：要能聽他的表情話語以及身體動作來察覺學員的全部語言。（包括表情語言，聲音語言，身體觸覺語言）。

要以同理心，好奇心的心態來傾聽。

發問：聽不清楚或看到對方想說但說不出口的話語，要提問題釐清。

直覺：這是教練要具備的能力，心理要能跳開現場，問自己「這合理嗎」。

分辨：學員是真誠的溝通還是帶著面具來？他說的話可信嗎？是真誠的嗎？

回應：不只要能成為學員的鏡子，更要成為光，讓他能看到真正的自己。

掌握教練技術難嗎？

很多人都問我這個問題：「我知道外部企業教練有認證執照，我的業務已夠繁忙，哪有時間再學這些新玩意兒？」但其實

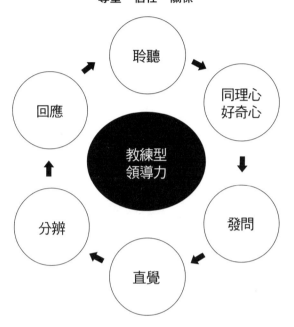

圖1.2｜教練的六個基本能力｜
尊重、信任、關係

聆聽

同理心
好奇心

回應

教練型
領導力

發問

分辨

直覺

很多企業都已經預備好了，據我瞭解，許多企業已經轉型為「學習型組織」，這是個最重要的基礎。

教練能力是在「學習型組織」內長出來的新枝。由早期的「培訓」到「學習」，這是了不起的轉型，培訓是換腦袋的動作，教你做，但據統計，單純培訓對學員的成長效果不超過百分之三十。學習是基於學員的需求和動機的基礎上的一個互動學習流程，學員受益，講師也在學習。（圖1.3）

不過，我們也不要太輕率的認為這個轉變很容易；南非前總統曼德拉曾說了一句很經典的話：「與改變世界相比，改變自己是一件更難的事」。這是要經由「自我認知，自我決定，自我

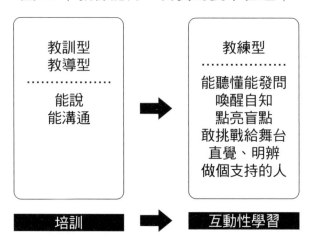

圖1.3│教練能力：自我的變革管理│

教訓型
教導型
· · · · · · · · · · · · · · ·
能說
能溝通

→

教練型
· · · · · · · · · · · · · · ·
能聽懂能發問
喚醒自知
點亮盲點
敢挑戰給舞台
直覺、明辨
做個支持的人

培訓 → 互動性學習

實踐以至於變成習慣」的過程。

我們常常聽到一句話「立志行善由的我，但行出來由不得我」，「立志」好似「創新的點子」，也好似「一粒好的種子」，但不經歷實踐的過程，不落地不做出來，還是沒價值。

我常常在做教練時，會提醒學員要學會「做事也做人」的原則，不要只做個「對事不對人」的領導人，因為人的內心有五個層級，做個領導人，這都要兼顧到，這是有效溝通的基礎：

知性：我知道這道理，瞭解它們的邏輯關係，但是和我沒關係。

感性：這事和我有關，我有有感動和感覺。

理性：能有理性的明辨，做決策。

悟性：開竅，能有創新創意和提升。

習性：這是一個選擇不斷實踐的歷程，成為生命的一部分。

我曾對一個年輕人做教練諮詢，我給她的回答裡有這樣的描述：

> 人有「知性，感性，理性」三個基本層面，你說的他都懂，這是知性，但是他的感性過不去，以至於失去了理性。有人說「看對時機才說話」，當他需要「感性」的支援時，你不要用「理性」的方法處理；然後才幫助他能「頓悟」，決定改變；幫助他能對他的決定堅持走過來，而成為他的習性；這是領導力的功夫，「對事也對人」的領導力。

　　能不能掌握教練能力決定於個人的自我認知，自我決定以及自我的實踐。自己是否決定採用新的互動學習模式和員工及夥伴合作，這是一個人對學習成長的選擇。

　　讓我再舉個在這方面的應用例子；當你在內部培育接班人時，總會有不同的聲音說「他（她）還差得遠呢」，在家族企業接班計畫也是一樣，對第二代總把他們當小孩子看，縱使他們已經學成歸國而且有些經驗，可是老爸總是不放心。教練要做的是提醒老闆老爸們要「給舞臺，給機會，給支持，要耐心，要陪他走一段路」。

　　而對年輕接班人，我會要求他們認清自己的新角色，不要做下一層級的事，對上要尊重，對老臣要能贏得信任；對下要授權、要敢挑戰敢要求，要能由上一層級的角度看問題，那才有機會接班成功。我曾幫助過一位傑出員工在十年不到的功夫由客戶服務代表提升到部門總經理，這是一個很好的印證，教練型互動式的教導是關鍵。

組織經理人為什麼要有教練技能？

我們常聽到「海浪退去，才知道誰在裸泳」，在這次的金融風暴過後，我們得以再次檢驗哪種管理領導模式經得起考驗。針對即將過去的經濟大風暴，在一份2009年四月份對美國24家企業的調查研究明白告訴我們，有使用企業教練的企業，團隊的向心力特別強，同舟共濟的能力特別好，團隊的歸屬感及團隊智慧也特別突出，領導層「面對人」的困難比較小。

在以往，企業對人才的一般培育方式就是「培訓」，包含內訓或者是外訓，但是這是換腦袋的過程，是外部的訊息單向流向學員的過程，是被動的，學員沒有選擇，常有人開玩笑的說「又要被培訓了」，依「英國人力協會」的研究，這種培訓的效果只有30%。

今天許多企業已經順利轉型到了「學習型組織」，這兒的學習活動是基於學員自己的需要而量身定做的互動性交流；比如今天我就花了幾個小時的時間和一家企業的培訓項目小組成員在溝通下一個高層主管培訓專案；我們一起要確定的是：為什麼要做這個培訓？動機何在？期望的結果是什麼？可以不做嗎？學員們有需要嗎？急需嗎？願意改變嗎？如果這是肯定的，那才真正進入課程開發流程，講師在課堂裡要與學員互動（Co-active）「一起來尋求最合適的解決辦法」，這就是「教練型學習」活動（Coaching based learning）。（圖1.4）

這不一定要靠外來的專家來做，它也可以「內建」，新一代的經理人和領導人必須要肩負著這幾個新角色：（圖1.5）

在許多的企業都要求高層主管要能「為之君（老闆）」，也要能「為之師（教師，導師）」，甚至將這些項目放進他們的績

圖1.4 │ 由「培訓」走向「學習」│

培訓 （Training）	學習 （Learning）
是教訓或教導式的流程。它是以講師為主的知識經驗的傳授和交流。	是啟動於學員「自身需要」的一個學習活動；學員有強烈的動機目標及熱情，學習引導者或是教練要運用這些能量來達成學習的高效；知識的交流只是交流時的一部分內涵，學員的參與及互動（Co-active）才是學習的最佳手段。

圖1.5 │ 經理人的新角色 │

教師　　　導師　　　教練
Trainer　Mentor　Coach

效考核裡，這是「學習型組織」的基礎。現在我們要再往前走一步，要引用教練型的領導及教導模式。在教練型領導人心中，需有幾個大突破點（圖 1.6）。

圖1.6 ｜ 教練型領導力 ｜
心態的改變

傳統領導	教練型領導
我要能先做得到，所以我才能要求你們也要做到。	我這方面不行，所以我邀你們當我的合作夥伴。
要求，統一規格。	在我心目中，你們每一個人都是唯一的，你們有你們的長處，要發揮出來。
命令。	團隊，服務，合作，尊重。
我比你行。	我用比我行的員工或夥伴。

教練型領導力可以提升員工的積極度，以主人翁的心態來參與，開開心心工作，這是在面對多元化，多變化，複雜化及不確定的市場環境的唯一出路，員工會顯得有主人翁的心態，更有擔當力（Accountability）。

我親身有一個好的體驗：在青島的一家旅館，有個客人起的早，七點多鐘就要離開，當他啟動汽車時才發現車子輪胎漏氣了，當天又要趕長的路，在旁邊的服務員就說「我打電話叫我們的司機來幫忙」，這客人還很客氣的說「這麼早方便嗎？」，這

位服務員說了一句經典的話「只要是客人的事，我連總經理都叫得動」。我很感動，這是我體驗過的一次高度「主人翁」心態的服務團隊。

另一個是我由朋友處聽到的經歷，我也深受感動：一個旅遊團到南韓旅遊，共有幾部巴士車。因為一部還沒到達，所以前面的幾部車就停在路旁等候。後來就有一位年輕人停下車來，問司機說「我是現代汽車的工程師，我看你們的現代巴士停在路旁，是否是機器故障，我可以幫上忙嗎？」，哇，這又是一個有「主人翁」心態的傑出員工。

如何挑起員工的積極性，能有主人翁的心態，企業教練是一個好的選擇。那教練型組織會有什麼不同的表現呢？

教練型組織的不同

在一個教練型的組織裡，我們很容易發現以下幾個特點：

第一：員工對企業的歸屬感特別強，有主人翁的心態，對外表現出來的就是「有擔當力」（或叫「當責」，Accountability），將公司的事當成自己的事來辦。相對的就有了「高生產力」。第二：有持續力（sustainability）：熱情發自於自己的內心，面對困難時，他能持續堅持下來。第三：高創新（Innovation）：這是自己（承諾）的事，在主動執行的過程中，會有不斷的新想法，更有成就感。第四是活力團隊的養成，更強化自信（Self-Esteemed），更主動積極（Proactive），更開放分享，這裡有健康的組織和個人。

如何在組織內建立教練能力？

要建立這能力有幾個方法：一個是常態法，另一個是因為是急需解決問題而採取的緊急措施；過去很多企業都是因緊急團隊問題的需要才引進企業教練，現今我們看到了更多的學習型組織內有了常態的「教練型領導力」發展培育計畫。

在學習型組織內通常有個常態的培訓主題就是「領導力發展」，可以很自然的將「教練能力發展」放到這模組裡頭，就如我們在圖1.7所陳述的，新一代經理人必須要具備「教練能力」；要記得這不是培訓，這是一個人心智的自我覺醒，自我認知，自我決定以及自我轉變的實踐過程，這是一個個人轉型，個人領導風格的行為變革，最好是有人陪你走這一段變革路，你需要支援。

企業也可以依特別的需要來引進教練專案，在我們的調查研究裡，很多企業要求高層參加「主題式的領導力發展研討會」，因應問題而建立的「有主題有具體目標」的教練型研討會。之後才會延伸出來試點，及其他團隊的教練或一對一教練的活動。

為什麼需要教練？

在我們的生命裡會有許多的「十字路口」，我看過很多年輕朋友，很有理想熱情，他們有清楚的目標，意志力非常的強，每天晨光照在他們的臉上，可以看到充滿著信心的笑容，他們不怕前面的遙遠路程和困難，決定參加這一場競賽。但是人生的道路分歧，常常一條向東，一條向西，無人告訴他們如何選擇正確的道路，他們就誤入了歧途，越陷越深，不可自拔，最後對自己失

圖1.7 │ 教練系統導入機制 │

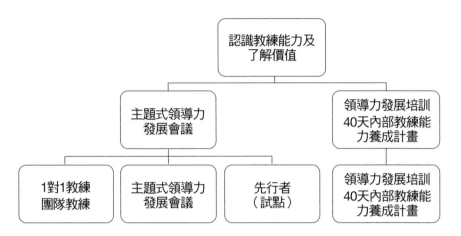

去了信心，國家社會也損失了許多人才，只是因為沒有人在十字路口告訴他們正確的方向。

　　我有次到溫州做培訓，會後要急著搭飛機回北京，由市區到機場一般的時間是半個鐘頭，可是卻花了一個多鐘頭才到達，在路上看到了兩部車子在路口相撞，幾十部車就在那個路口打結了，那時是多麼期望有個人能在十字路口上站出來指揮交通。我們的生命也是如此，有一樣事讓我們心裡打結，走不過去，就沒心情做其他的事了，就好似那幾十部車在那路口一樣，我們多麼希望有人就站在那個路口，指導我們走出來的方向！

　　我也看過跑馬拉松賽跑，每一站都有飲料供應，每一個轉角都有方向指示，每一個路口都有啦啦隊在加油。生命是一場馬拉松賽，有時我們是參賽者，我們希望在有需要時，有人給予飲料（資源），在轉彎處有人指路，在路口有人為我們加油鼓勵支援。教練就是那在你生命十字路口為你指路的人。

學習是一個不斷的迴圈，它可以是有意識的行為，也可以是沒意識的行為。教練的價值以及責任是「喚醒，點亮，直覺，分辨」，將學習變成為有意識的行為，幫助學員沉澱出自己的智慧，決定改變自己的思路和行為，並堅持的做生命轉型，「教練型教導（Coaching）」是個人成長的捷徑。（請見圖1.8）

　　這對個人在角色責任的轉換時最有效，比如說，一個優秀的工程師被提升為工程部經理，一個好醫生被提升為醫院部門主管或院長，一個丈夫妻子變成父母，教練可以幫助他們快速的、有意識的經歷過這些學習流程，讓他們很快速適應新的角色或工作崗位。 這是學習的過程：（圖1.9）

　　主題導入：外來的刺激，開始運作。

　　思考：是什麼？要成為什麼？為什麼？憑什麼？這是設定目標策略的開始。

　　理解：我有哪些資源，制約條件？用理性來分析。

　　創新：我能提高目標嗎？為達成目標，我有哪些選項？我會做什麼決策以及行動計畫？

　　執行：流程管理，以及意志力的發揮。

　　反思：不管成功與失敗，反思是經驗的積累與沉澱，成為個人智慧。

　　模型：在經驗裡尋求規律性，建立模型，可以延伸應用，可以複製，可以傳承，可以教導傳授。

　　應用：這是對所建立模型的再出發。

　　習慣：當再次實踐也是真時，我們會不斷的引用這一模式，它成為我們的習慣，內化的行為或價值，直到我們再次將它喚醒更新更優化。

圖1.8 | 教練的角色和責任(2) |

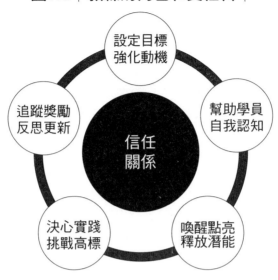

圖1.9 | 學習周期理論 |

面對新世代員工與外在壓力，你準備好了嗎？

新世代人的共同特色是：要自由，個性化，個人化，資訊充足，要好玩，有樂趣，較能分享合作，互動，關係較佳，速度要快，現在就要，鬼點子多，可同時處理多件事，想像力豐富些，活在網路虛擬世界裡，較少看書，用資訊掃描讀法，願意免費分享，熱情，願意公開個人檔案及感覺，不太清楚自己要什麼，在就業市場較不能靜下心來，流動率偏高，專業穩定度高於企業忠誠度。

在中國的年輕人還有這些特色：他們是家族的受寵兒，抗壓能力較低，在家中的影響力大，有強的發言權，對家族資源的掌握大，快速一族，也是創業一族。群性強，愛國，激情，差異化大（地區，多元民族……），代溝大些（祖父母—父母—子女三代），較不懂理財，愛購物刷卡，對價格較不敏感……等。

面對這一代的員工，用傳統管理或領導模式確定是不管用了。但什麼管用呢？我們能期望他們改變來適應我們的模式嗎？許多領導人告訴我們這是不可能的事，我們唯一能做的就是學習成長，改變自己的管理及領導模式，來迎接並接受這新的一代；但是要如何做呢？教練能幫得著！

此外，時代轉變的大洪流，使我們也必須學習改變；我用百年老店「百事可樂」的大轉型作為案例。百事可樂在 2008 年底啟動了一個大型專案。因為他們發覺大環境在變，市場在變，消費者的行為也在改變：歐美市場的人們對可樂的需求在減少，然而對健康飲料如「果汁礦泉水」等的需求在增加；相對在新興市場對可樂的需求則還在成長；消費者的年齡層在降低，絕大多數都是年輕人。

為了重新掌握在這變化中的新機會，他們啟動了一個全公司上下的大轉型：

首先是百事可樂要在這新的時代和市場的重新定位：要年輕化（該公司總裁說「要像 iPOD 一樣」），要健康化，要人性化，要簡單化，這是主軸。於是他們動員全公司上下資源與外部的諮詢公司合作開始了轉型；你已看到新的百事商標（Pepsi）改變得更有流行線條了，圖像上有一個微笑曲線，全部七個飲料品牌，一千一百多種商品的包裝全部改變；當然跟著公關廣告也會跟著變，最底層的企業文化也在轉型，他們在建造一個新的「歡樂型企業文化」，這對他們來說是「急需」的轉型。

企業轉變是一個大事，不是領導人說了就算，好似以前可口可樂老總憑直覺「更新可樂配方」所犯的錯誤，面對著多元多變不確定的環境，教練能幫得著！

你的企業有「彼得原理」生存的空間嗎？

我們常會聽到這個笑話：「在許多的老企業或家族企業裡，許多不該走的人（人才）都走了，留下來的是那些該走的人」；在傳統的組織文化中，有些資深員工可能被晉升到不能勝任的層級，甚或被提升到重要職位。這些人面對年輕的員工會有不安全感，他們在辦公室裡害怕被挑戰，不能接受「對事不對人」型的討論而覺得沒面子，他們的決策會顯得保守或偏重防禦性，更不願主動授權。這是發表於 1965 年的「彼得原理」，這理論直到今天還是鮮活無比。

今天組織裡可能還有很多這類型的主管，包含領導人，可是

他們自己不知道，也不會同意，但企業教練幫得著！

教練就是那面鏡子、那道光！

很多領導人最缺乏的是自我的認知，比如說開會時總會說「各位有沒有問題？」就認為自己是個開明的老闆，我就在一個場合看到這位「開明」的老闆還是問「各位有沒有問題？」，可是總是沒有問題，會後老闆走了，私下討論時又是問題一大堆。我就問他們為什麼剛才不講，他們說「講了也是白講，反正老闆也不會聽你的」。這些管理問題老闆看不到，它需要被點亮，教練幫得著！

我們也常看到經理人在年輕時犧牲身體的健康而努力賺錢，犧牲家庭生活為了事業，可是當他們事業成功了有錢了，卻發覺有錢買不回健康，有錢可以買到房但卻買不回一個溫暖的家庭。如何幫助領導人在五個關鍵生命元素裡找到平衡並作優化；完滿「身體，家庭，事業，人際關係以及生命意義」的需要，這是教練對社會最大的貢獻之一，我們願看到更多「健康的企業領導人」或是「五星級領導人」。（圖1.10）

什麼時候需要教練？
又該如何與教練合作？

教練行業是屬於行為心理學的範疇，它是有關人類行為科學的藝術，它比較難被規範，它更是百年樹人的大業，而不是單純的商業行為。相對的，就比較難有數量化的評估機制，教練自己的能力資格也往往沒規範，水準參差不齊；有些人太過凸顯個人

圖1.10 | 健康型的領導人 |

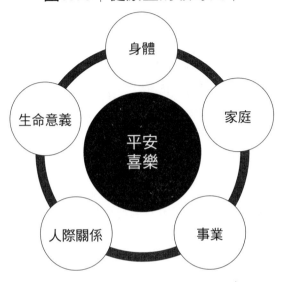

色彩，或是頂不住壓力而仍用「教導教學」的方法，就直接給方法和答案，而不是做個幕後的挑戰者和支持者。

我們每天面對各種不同的挑戰和壓力，在什麼時候需要教練的協助呢？這是幾個「關鍵時刻」（High Impact moment）：

第一：我清楚的知道我必須改變，我需要外來的專業協助
第二：作對這件事（改變）對我非常的重要。非做好不可！
第三：對我很急！，這三個要件要能並存，缺一不可。

另外還有一個可以獨立存在的動機，這是企業高層主管教練特別需要的價值：高層主管需要有專業人士提供不同角度看法，敢給他挑戰，問深度問題，照出盲點，幫助高層做更好的決策。

那要如何找到合適的教練呢？依我們的調查，一位對你合適的教練，他需要具備幾個特質：

他不是商人，他有個百年樹人的承諾與使命感。

他看到並能欣賞每個人的不同和特色。

他有教練的專業及行業認證，好似我們找有執照的醫生與律師一樣。

他有堅實的文化背景，能聽得懂學員的心聲。

專業交集：每個行業有它的特色和風格，教練最好在行業與專業間能與學員有一個交集，溝通會更有效完整。

教練與學員間的風格的契合：能談得來，互相尊重，信任及欣賞。

在這多變化的世代，「教練力」是一種新興的企業資源和能量，它是個專業，這也是新一代主管們必須具備的新領導力。

RAA 時間
反思Reflection 更新Renewal 應用Application 行動Action

1. 你對「教練力」的學習有興趣嗎？
2. 這能力對你的個人或工作有多重要？不做可以嗎？
3. 你選擇如何來學習？何時啟動？這事對你急嗎？
4. 你需要外來教練的協助嗎?你知道如何找到適合你的教練嗎?

2

COACHING
BASED LEADERSHIP

你是哪種領導人——
想要掌聲，還是創造更多
人才？

領導是領導人與他的團隊合作，一起達成共同預設的目標。

過去的領導人要「會說，會溝通」。

今日的領導人要「會聽，要會問問題」。

——彼得，杜拉克

當未來是充滿著多元，多變，更複雜及不確定的經營環境時，領導人能做而且該做的就是快速的學習和應變。美國《創業家》雜誌在2009年第一季度針對全美一千多位中小企業高層主管做了一個企業轉型的調查研究，結果是：

百分之八十九：企業改變轉型的壓力在過去一年大為增加。
百分之七十：企業「需要」馬上在未來六個月內啟動轉型。
百分之六十六：企業「急需」做出轉型的計畫，作出改變。

什麼原因造成這麼大的變化呢？
經濟的不確定性：經濟環境的大改變。
市場的多變性：客戶的需求在變化，全球化勢不可擋。
創新需求：新市場及新應用，傳統的降低成本策略已不再有效。
如何面對最壞的市場環境？守成並努力經營不再是特效藥。
轉變或死亡：必需離開現在的經營模式，快速做改變。

如何改變呢？大家的共識是：
要更多的合作才能有機會成功，而不是英雄式的獨行俠。
要做系統性思考。
互相學習，互相分享。
要能更有效的溝通。
更具價值導向的決策：由「需要」轉變到「必需」。
有衡量評估機制：要有效益指標。
要走出去：試驗，評估，修正，再出發；不能停下來。

改變後的新世界：

必須創新：新價值，新應用，新市場，新模式。

要能主動負責：對自己，對企業，對社會。

要能長青：不只是短期要能活下來，也要為長期鋪路。

這些資訊對你個人與你的企業是否有些可借鑒的地方，以下是我們所熟悉的一些領導管理模式，這是一個安靜反思的時刻，請想想：我們需要改變嗎？

反思領導的八個模式

大家長式的領導：

創業者難免會成為企業的精神領袖，也成為企業文化的縮影，這擔子是太沉重了些，但這是不可辭去的角色與責任。日子久了，有些企業會變成「一言堂」，老闆可能太忙或太成功，也不特別在意。甚至於企業也做大了，上市了，請了許多的「專業經理人」，但每次在做決策時，老員工總會問一句「老闆怎麼說？」，要老闆說了才算。

有些老闆就問我說「陳教練，我該怎麼辦？」，一個小時的會，有好幾個電話進來，談什麼？報價。我問他底下的老總做什麼？這老闆說：「價格的事我要看看，才放心」；問題在「不放心」，就是不信任，這是關鍵。縱使接班的老總是兒子，女婿還是一樣。

軍隊式的領導：

軍隊的領導偏重在嚴厲的執行到位；有效率、有方向及目

標。我們看到了許多的培訓以此為主，如銷售，生產，客服。要統一規範流程，包含了一些術語。但它可能會忽略了員工潛能的發展，變成機械化的互動，當前方大風雨來襲時，後方可能還不相信，而要更多的報告資訊才能做決策，錯失了行動時機。好比如醫院的服務中心，病人可能受傷很重很痛，如果你還是死守那些標準問卷和流程，那病人及家屬會很不耐煩，如果你以同理心來面對病人，有耐心的面帶微笑快速反應來招呼病人，那效果會大大加增，在其他行業也是如此。

快與慢的協作：

我們在前些年被書本和學校洗過腦，認為「快比慢好」，「快魚吃慢魚，大魚吃小魚」。但這是不是真的？它有真的部分，也有不真的部分。

經過幾十年的體驗，我的個人結論是：「做大決策時要慢下來，問自己要什麼？收集足夠的資訊，找到所有可能的選項，然後做決策，告訴自己這是我的選擇，我負責，之後才啟動」。但是在「實踐」時要快，出手要像「武士」的刀出鞘，要如「快槍俠」。過去我們常會為錯誤的決策而懊惱，常因猶豫不決而在原地打轉，這是在「快」與「慢」間的拿捏。

我們的社會欣賞反應「快準狠」的「直覺型」的領導人，靠直覺做決策是早期美國西部開拓史的英雄人物，不再合適今日的企業經營，我們面對的不是「好人與壞人」間的分野，而是有太多的變數和不確定性。

2009年，美國《心理學家》雜誌上登了一篇有關直覺性的決策型態，該文的總結是：第一，重複性的工作或流程用直覺反應成功性較高。第二：特殊性的個案，比如危機處理、新市場的發

展、市場競爭、企業併購，有關人的問題……等，還是要按部就班來：從收集資料，有系統的做分析研判，到被挑戰後再做決策並快速採取行動。高層主管的「直覺」可以是做這種決策時，收集資訊的一部分，它可以是參考，但不是做決策的唯一依據。在被挑戰過程裡，有些企業甚至建立一個內部的「事先驗屍」小組，先考慮「為什麼失敗？哪些因素可能造成這失敗？事先該採取什麼手段來防止失敗？」企業教練可以由不同的角度提供這挑戰。

管理與領導：

管理是什麼？簡單來說是管事，管流程，管指標（KPI），管企業的流程（SOP），管外在的行為，甚至管企業的「潛規則」，管「對與錯」，它是「科學」。

而領導是什麼？它管人，人的心，動機，意義，感覺，價值，理想，使命，文化，它挑起人們的積極性建設性和熱情，它是「藝術」。

這樣說也許太簡單了些，但這也是事實。我們很多領導只在做管理者的動作，沒有帶員工夥伴來贏得客戶的心，這是領導人「責無旁貸」的責任。

我來說一段我「被SOP」的小故事。前些日子我到一個企業講課，我的習慣是會早到一天，以便前一天下午能和企業老總談談，讓我的課程能更落實。當天我11點到達旅館，接待小姐告訴我他們旅館的規矩是下午3點才能入住，我告訴她我必須在3點離開旅館，因為有重要的會要開，她同意一有空房就叫我。我在大廳的咖啡廳等到近兩點半，她還是說要等到3點。我忍不住了，就直接找客房經理，不料空房就有了。這個員工在做她的

事，遵守公司的SOP，縱使有空房還是不釋出，她可能不知服務業裡「客人的要求都是合理」的金律。這就是在一家高度「管理型」組織裡的表現。

我們現今都在服務業，所有的企業必須由企業對企業（B2B）改變到企業對企業再到消費者（B2B2C2S），你的員工是否還在緊緊抓住SOP而喪失了服務客戶的機會呢？

批評與讚賞：

這是我們中國文化和西方文化最大的差異點；我們的文化是謙虛，所以使用「較負面的教導」，因為大家被教育要待人謙虛，表現出來的就是「批評式」的激勵，更甚的是用「教訓法」，認為不打不成器，不管孩子有多了不起，在他人面前總是「犬子」、「還不行」；這一套系統就延伸到企業來，縱使員工已經做得很好了，老總總是要在雞蛋裡挑骨頭，告訴員工總有改善的空間，吝惜褒獎，讓員工沒成就感。他們常常有這樣的口頭禪：「你做的不錯，不過……」，這種老闆過度的加值，可能只加值5％，員工的成就感倒是失去了50％；這是企業領導力之癌，你的企業有這現象嗎？在那關鍵的時刻，你忍得住只給鼓勵，不再給那5％的小意見嗎？

教練型教導剛好相反，用鼓勵式的，找出優點，強項，長處，大大的誇獎一番，讓他有信心，這樣下次員工會更主動做得更好。這是人之常情。你的企業用那一套呢？

就業、職業、事業與敬業：

就業是「打一份工」，做一天和尚撞一天鐘；職業是「領一份薪」，朝九晚五的把份內事情負責做好；事業是「找到自己的

舞臺」，以經營自己事業的心態來做事；敬業是將每一件事都做到最好，每件事都要做到「優化」以成為自己的品牌。你的員工是以什麼心情來上班的呢？管理型的企業裡「就業及職業型」員工會加增，朝九晚五，準時上下班，你在上班時看不到太多的笑容，直到下班的那一刻，我們會看到許多「上班一條蟲，下班一條龍」的員工。

在教練型領導的企業裡，「事業型」員工會多些。他們有「忘時，忘我，忘回報」的敬業精神，將自己全部獻上，為的是做最好的自己。每天天亮起就在想公司的項目「如何做得更好？」，你會在公司的走廊裡、談話裡，看到更多更多的笑容。

潛規則與透明的規範：

這是一個很莊重的課題，每一家企業都有它的「古文明」，即「潛規則」或「默契」，要寫下來呢？還是放在心裡？許多的新進員工因誤踏公司的「潛規則」飲恨而退。如何能將它透明化，讓它在轉變的時候，員工才有可能遵循或創新？這樣做，高層主管也才能有計畫的定期檢視這一套系統是否有需要更新。

有一則關於潛規則的「101忠狗」故事是這樣說的：

有個有錢人養了一條狗，為了是保護主人免受傷害。這條狗被訓練成：只要有任何東西丟向主人，狗會主動將它咬開，以保護主人。有一次，主人帶著狗去海邊游泳，主人不小心捲進一個旋渦裡，救生員丟了一個救生圈過去，可是還沒接到，它就被他的狗咬走了，當然他也就滅頂了。

這個故事告訴我們企業領導人，我們企業是否還有很多舊的「標準流程」，「潛規則」或「企業規範」還沒更新，讓我們的員工面對可能的「救生圈」或「機會」時說「不」，這包含客戶的

急單需求，特殊的服務需求（提早進駐旅館房間）……等，而讓這些機會流失？

染缸文化與企業文化？

以前我曾想加入一家企業當銷售員，但是他們的規矩是要能喝一瓶酒後還能談生意，還要能夠抽煙，當然我是不及格。我也聽聞在一些企業「做採購就必須懂得如何拿回扣」，這是大染缸文化。

在一九八五年臺灣英特爾成立時，我們的使命是：「建立臺灣成為全球的電腦設計及製造中心」。為了這個目標，我們邀請到非常多對這個使命認同的年輕人，成為企業的中堅力量，大家也確實以這樣的心態在做事。我們也在辦公室內成立技術培訓中心，客戶的工程師白天在企業內上班，晚上就來這兒充電學習，這樣一步一腳印，也間接成就了今日臺灣科技行業的地位，這是一段熱情洋溢的日子。好的企業文化是企業最堅實的品牌，領導人要親自抓牢，不可讓它成為大染缸。

領導力2.0：要培育「追隨者」還是「領導者」？

領導人有兩種：一種是擁有許多的跟隨者，他們很優秀聰明而傑出，決策明快；他們期望掌聲，名聲，被肯定，被接納。他們是「領導力1.0」的人。

另一種是願意培育更多的領導人，他們做的是讓「長江後浪推前浪」，讓更多的人才提升，看到更多的人超越他而過，他們在創造歷史。他們是「領導力2.0」的人。有的企業稱它為「分散型」領導力，我叫他們是「不留一手」的領導人。臺灣的施振榮

先生和中國聯想柳傳志都是「領導力2.0」高超的典範。（圖2.1）

我們常聽說「在大樹底下好乘涼」，也有人說「站在巨人的肩膀上好望遠」；你願意在「大樹型」的領導人底下做事呢？還是在「巨人」的組織裡做事？這是我們每個人的決定和選擇。

圖2.1 │ 兩種領導類型 │

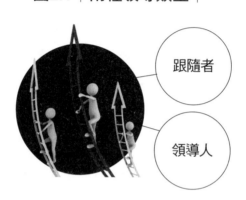

跟隨者

領導人

一、領導力1.0：將員工培訓成為專才（圖2.2）

他們專心將員工培育成「專才」依照我們的研究他們使用的人才培育模式是：依員工的能力及動力來分類，目的是將工作做到最好，成為「專才」。這也是今日一般企業通用的人才培育規範。

「能力強，動力強」的員工：用企業教練幫助他們，瞭解個人目標，釋放潛能，提升高度，給予挑戰。

「能力強，動力弱」的員工：用教練來幫助他們找到個人熱情動力點，重新啟動。

「能力弱，動力強」的員工：先給予培訓教導。

「能力弱，動力弱」的人：這是不適合的員工，人事部門在面談時就要能篩選出來，以減少企業損失。

二、領導力2.0：培育更多的「領導者」：（圖2.3）

導師老師傅時代：

新人到新的工作職位：先由「企業導師」或「老師傅」帶進門，讓新員工很快就能進入工作的環境，包含企業文化，技藝及需要的資訊。

教練：

在熟悉或順手後，提供「培訓加教練」服務，找到新員工的潛能，站在他們自己的舞臺發揮自己的能力和熱情，讓他們有機會再往上一層樓成長，爬上企業階梯，當然他們也會冒一定失敗的風險。

首席代表：

在員工能獨當一面而可以「大顯身手」時，企業提供舞臺，資源，支持他們，不過上司們還是在一旁觀察，提供必要的協助。這是「首席代表」時期，員工代表老闆做事；主管們放手讓你表現，失敗了他們幫員工承擔起責任。

夥伴：

最後，老闆完全信任後就放手了，讓員工真正獨當一面，可能是獨立公司的總經理，可能是一個事業單位的主管。這是我所

圖2.2 │ 領導力1.0—培育專業人才 │

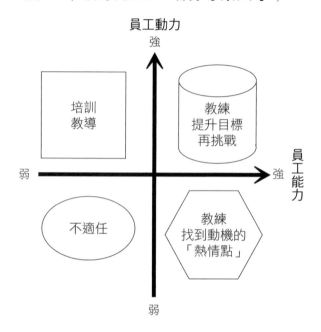

圖2.3 │ 領導力2.0—培育領導人才 │

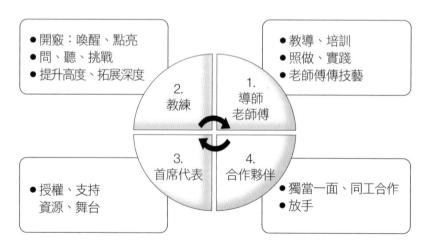

說的「領導力2.0」領導人培育模式；這時員工要為自己的決策負責，以前的老闆可能成為你的夥伴同事或下屬。

角色扮演：

一個好的領導人也必定是一個好的「跟隨者」及「支持者」，在不同的場合及專案，他可能是領導人，在不同項目，他可能是一個支持者。

失敗與成功：

在領導力2.0的企業文化裡，企業會讓員工做「可以承受的決策風險」，要有機會學到教訓。我個人的體驗是：失敗還不是成功之母，除非它有一位「反思的爸爸」；這樣的失敗價值才值得慶賀。

以前，有個人非常擅長捕魚，人都叫他「魚王」，可是他的孩子的魚技個個平庸，他就請教他的朋友們為什麼會這樣？他說，「我從小就叫他們捕魚，告訴他們怎麼織網才能捕到魚，怎麼划船才不會驚動魚，怎麼下網。到他們長大時，教他們如何識潮汐，辨魚汛，我所有的經驗都毫無保留教他們了，為什麼他們還是如此差？」

一個長者就問他：「你一直用手牽手地教他們嗎？」，他說「是的，我教得很仔細、很有耐心，他們也一直跟著我，為了讓他們少走冤枉路，我一直叫他們跟著我學。」這個長者就說，「你的問題很明顯，你只傳授技術，但沒給他們機會經歷失敗的教訓，沒有教訓就是沒有經驗，不能成大器」。

這個故事也使我想到老鷹是如何訓練小鷹第一次飛翔的，老鷹會將小鷹帶離巢，然後將小鷹由高空丟下，強迫小鷹學習靠自己的能力飛翔。

我們培養部屬也是一樣，經驗可以傳承，但是還要有經歷教訓的機會，才能有獨當一面的能力；這就是「導師」和「教練」的不同，你是那種領導人呢？

說到這，再請想想我們每一個人邁向成熟的過程是如何呢？

當我們年紀小時：依靠父母及家人。

在十幾、二十歲時：我們會為「有獨立能力」而慶祝。這會持續到開始工作時。

慢慢的，我們要學會「互相合作」，「互相依靠」才能成大事的道理：這是團隊合作。

最後，當我們有機會成為企業的棟樑時：我們要有能「信得過、靠得住」的團隊夥伴來與他們共事，這時候，你要的不是追隨者，而是更多的領導人。當在「領導力2.0」投入得越深入，給出的越多時，我們在這階段的回報會越大。

一個人的領導力成長是開始於：照著你的話做（執行者），相信你的話（追隨者），相信你（夥伴），學會建立自己的思路並主動的做（新的領導人的誕生）。

讓我再講個故事來結束這個主題，在美國有一家傑出的線上賣鞋企業，叫ZAPPOS，公司老闆是一個35歲的年輕華人。他建立的企業文化重點是「要員工把工作當自己的事業來做」，當許多企業將「客戶服務部門」當「成本」而外包時，他卻反其道而行，他認為「客戶服務是他們的企業根本和精髓」，因此要放在總部，要每個人都參與，要以內心展現出來的熱情來服務客戶，

圖2.4│個人成長（成熟）路徑圖│

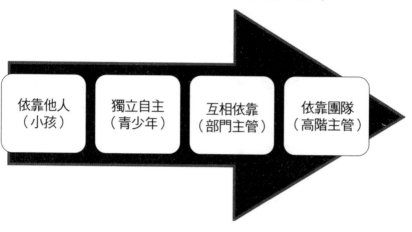

| 依靠他人
（小孩） | 獨立自主
（青少年） | 互相依靠
（部門主管） | 依靠團隊
（高階主管） |

因為「他們是服務業」。而這位老闆如何判斷他手下哪個員工把工作當「職業」或是「事業」來做呢？他有幾個竅門：

一、新進員工在四個星期培訓後，老闆給新員工兩個選擇：

一個是喜歡這企業文化的人留下來，再進一步接受培訓栽培，同時投入工作。

另一個選擇是：要員工清楚的知道，這是不是他合適的企業？如果不是，老闆給四千美元，他們也可以選擇高興的離去。

二、好的客戶服務起始與員工的態度與熱情，在電話的另一端，客戶可以憑著服務員的語調及能量來感受你的笑容，這是無價的客戶體驗，忠誠客戶由此而出；這也是傑出企業在市場能突出的最佳策略。就如有句話說，「穿衣服時不要扣錯第一個鈕扣」，ZAPPOS這家公司對新進員工的要求正是這樣；我們做事、經營人生或婚姻更是如此，這也是我們所說的CES（Call, Equip, Send）：

Call，呼招

呼招有興趣、有熱情的人，志願來參與，要有學習及參與動機。

Equip，裝備

以導師培訓或教練型發展來建造員工的能力，這是較大的成本投入。

Send，差遣

放手讓他們做，給舞臺，給資源，給支持，給獎勵。

不要只迷戀目標管理

許多企業實施「目標管理」（Managed by Objectives, MBO），卻誤解了這個管理工具的目的。它的主要目的不只是在管理，而在提供一個機制，找到員工的熱情點，讓員工能參與，來提高員工的積極性，讓員工有當家作主的心態，以做「事業」的心態，將他負責的事做到最好，能有擔當。

當企業的目標與員工的個人目標相契合時，如何藉力使力，將員工的參與度積極度及成就感提到最高，這是高效企業經營的秘訣。「企業教練」就是針對這個目標而設。

我們經歷過許多案例，員工將目標管理當作是「老闆管理員工」的工具，相對的，員工可能會較為被動，較沒有意見或參與創新的企圖心。

我所說「目標領導」（Leading by Objectives, LBO）的精髓是將舊有的MBO加進MBA（Managed by Accountability），也就是「個人擔當力」的成分，Accountability這個字可以翻譯成「當責」，我的解讀是「以主人翁的心態來辦事來負責」，它是「責

任心和擔當力」。差別在那份的感覺動機和熱情，如何讓員工把公司的事當成自己的事業來經營，要有熱情的動起來，積極參與並負責？這是領導人的新挑戰：讓員工以做主人的心態來參與，來負責，有擔當。目標領導的主要目的是：

與企業的大目標接軌：與總公司的使命和目標契合連結。

清楚：設定清楚目標，更透明；再拆解，使能清楚目標歸屬，也能知道團隊成員間每個人的關注點，協力合作，互相支援。

員工參與：員工能主動參與，更能負責任，更有擔當，更能瞭解自己在企業內的價值，這是一個很好的溝通協調工具。這與「我」有關：能與個人成長目標接軌。

經理人的角色改變成為「教練者」，而不是「監督者」或是「考核者」，他們的責任是幫助員工達成他的目標，同時也經歷挑戰和成長，這是「學習型」組織的基礎。

資源管理：更能有效利用團隊資源，投入到重點專案。

讓事情可以評估績效、回饋、改善、獎勵：經驗只得自於「事件後的反思」及對「做對事」的激勵，而非「經歷」。

我常鼓勵員工將這種目標管理的思路用到團隊經營，也用在個人的工作及私人生活上，往往非常有效。舉個例子，我鼓勵企業領導人要有三個MBO：一個是團隊的目標，一個是身為團隊一員的工作目標（你在企業內的個人工作目標是什麼？）；最後是個人生活的目標，包含家庭，個人成長，社會服務，個人關係與發展……等等。

不過，有時過度強調目標，有可能在達成任務目標時，會確迷失了「使命」，我常講一個在美國發生的故事：

一個員工非常努力的工作，努力完成他企業及個人的目標。我問他為什麼這麼努力？他說：我必須如此才能負擔得起離婚贍養費。那我再問為什麼他不努力花些時間來經營婚姻？他達成個人的財務收入目標了，但是卻迷失了「為了什麼？」的使命感。有些人年輕時重事業，努力達標，成功了，高升了，有財富了，但是卻失去了健康，甚至失去了家庭。

過去在企業內擔任經理人時，我也常喜歡在週末到公司走走，不是去加班，而是到辦公室裡去看看那些在為公司的事犧牲假日加班的員工，我找機會和他們談談，並對他們說聲「謝謝」，這是目標領導理念的領導人要做到的事。

在很多的行業，特別是服務業，員工們必須在週末或在夜晚為企業及顧客提供服務，犧牲與家人相處的時間到工作崗位來；與其用管理手段來強化管理效益，另一個選擇是以目標領導的模式，以「感激與真誠的心來領導，讓員工體驗工作的意義，強化活力，願意積極參與並學習承擔責任，以做主人的心態來做事」。

企業文化不是寫在牆上那幾行字，而是在員工心裡對企業使命價值觀願景的認同感動與實踐，是員工表現出來的行為，更是客戶體驗到「被服務」的感覺。用管理還不夠，要領導。如何轉化MBO成為有活力的領導模式呢？目標領導是領導人的一個新選擇。

個人教練：領導人成功的秘密

> 「今天的領導人真正的挑戰不是去瞭解什麼是領導力，
> 而是如何將自己所瞭解的以最有效的方法付諸實現」，
> 這是領導人今日最大的挑戰。
> ──美國資深企業教練，馬歇爾，葛史密斯博士

　　我們在成長過程中，可能需要一些培訓來補足我們知識能力的缺口，比如這次「經濟衰退下的經營策略」這類相關主題。但一般而言，「啟動潛能」比「培訓」對於領導人還來得更重要，它能幫助領導人查驗自己的領導方式，並針對他對企業績效「最有衝擊的個人行為」進行改善，這是企業教練的最重要價值。麻省理工學院羅教授（Andrew Lo）日前有篇發表於「哈佛管理論壇」，針對2008年經濟危機的觀點是這樣說的：

　　管理人必須要學會管理自己，要能夠更清楚的看到自己的「盲點」。
　　企業內部決策及監管要能更透明，讓員工能適度的參與。
　　創新要有監管機制且能做「風險」分析，不要再因創新而走火入魔了。

　　身為企業領導人，我們會有許多盲點，比如說：

　　我們常常在還不知道員工的看法以前提出「意見」，而忽略了「聆聽」及「激勵」，可是我們不知道、不在意或沒警覺：我們提的建議可能有5％的價值，可是員工對這件事的承諾與熱情

可能減低了50％以上。

我們對員工提出的「建議」常常成為被認為是「命令」，可是我們不知道。

我們在會議裡點子太多，對員工執行時常常造成困擾：可是我們不知道。

我們常好勝而喜歡表現自己的價值，而忽略了「支持」與「欣賞」員工的努力，幫助員工成功，而讓員工認為在「工作」或執行任務，而喪失了工作的樂趣。

企業過去的成功或失敗，都可能建立了一些「潛規則」，讓員工的新創意上不來。就如我在前面舉例的「101忠狗」故事，如果有些新的、與過去不同的想法，員工會坦白對領導人說嗎？在此我要特別呼籲「已成功」或「創業成功」的領導人。記住美國資深企業教練，馬歇爾，史密斯所說的：

> 「昨日的成功並不保證你明天也能成功」（What got you here won't get you there）。

此外，在我們進行過的許多調查研究裡，也發覺有些企業高層主管對「企業教練」有點排斥。他們會問：「我事業做得這麼成功，教練還能幫我什麼忙？」企業教練的責任在「反映出」自己看不到的盲點及潛能，然後發揮出來。盲點有如「國王的新衣」一樣，在企業內部，大部分的員工是不會也不敢說出來，特別在中國人的企業裡，有些員工認為老闆英明「應該知道」，但事實是「大部分的案例是他們不知道」，這是一個大黑洞，而企業教練能幫上忙。

舉個案例，有位企業總裁認為自己很開明，對員工也很公正

公開。有一次，他很自傲的邀請我參加他主持的高層會議，我就發覺他特別喜歡和一些人交談，交談時表情很愉快，對另外幾個人談話時就常打斷或批評，這些人說話時，總裁的臉是背對著他們的。當我把這觀察到的現象和他討論時，他嚇了一跳，事後，他承認他是有些偏心，特別喜歡和部分人討論。之後，他決定道歉並改變。

　　由不同角度來「喚醒，點亮，開發潛能，提出機會」，這正是企業教練的專業價值。

領導力測試：我的員工如何說？

　　本章最後，讓我們來做一個「個人領導力測試」：（請由員工角度來評測）

　　我（員工）認為我在組織內有價值。
　　我的主管常激勵我，幫助我把事情做到最好。
　　我的主管非常的真誠的和我溝通。
　　我的主管很清楚的告訴我們團隊的目標及期望。
　　我的主管花時間和我交談，並感謝我的努力。
　　我的主管對落後者提供必要協助。
　　我的主管對員工的問題及困惑非常關注並及時回覆。
　　我知道當我的主管在為我做的事感謝時，他是真誠的。
　　我同意主管對我的績效回饋，並願意積極改善，我知道這對我的成長有好處。
　　我知道在這企業，我有公平的機會成長發展並獲得提升。

這是個快速轉變的世代；領導者必須由「會教導，會溝通」轉型成為「會問，會聽，會啟動員工的潛能」的新型領導人，領導人在面對年輕新一代員工時，會問會聽的能力更是重要。企業團隊在面對「多元化，多變化，複雜化及不確定」的常態經營環境時，我們不能只用一套標準來領導，領導人必須面對現實，帶引轉型，組織及人才發展是重點項目。

「英國人力發展協會」在2008年有份調查研究曾指出，「培訓（教導）」只能達成30％的效果，但如果是「培訓」加上「教練和追蹤」，成效會增加到88％。

領導人的的價值在於如何與團隊合作共事，一起達成企業的使命與目標。在面對不確定的環境及新時代的員工，如何轉化並提升個人領導力達成進一步的成功，這是今天每個領導人的機會與挑戰。

而你的成功，企業教練能幫得著！

RAA 時間
反思Reflection 更新Renewal 應用Application 行動Action

1. 你的領導力測試結果如何？有哪些是你的盲點？如何改進？
2. 對「喚醒、點亮」員工的潛能及機會這件事上，你花了多少時間？
3. 你的團隊裡有多少「事業及敬業型」員工？如何增加這類員工？
4. 開會時，你說的多還是員工說的多？如果你說話的時間少於25%，就是好的教練型經理　人（請再回頭參考圖1.5）。
5. 你對員工的承諾有在追蹤考核及激勵嗎？
6. 你是否針對一些「策略性主題」慢下來進行思考？
7. 在未來的12個月，針對你個人及團隊高層的「領導力」，有什麼成長計畫嗎？

第2部

優秀領導人如何幫助他人成長——由「對事不對人」到「對事也對人」的教練型文化

西方文化的教導是「對事不對人」，這需要許多的開放性溝通，相互尊重及互信作為基礎，還要些許時間來投入心理資本及做情感存款；我們亞洲人講的是「對事也對人」，不只是要做好事，也要能夠關心他人的感受；這是「教練型企業文化」的基礎。

我們在這部分，就引進企業教練必須注重的幾個關鍵元素，做完整及全面的探討，包含企業高層如何對這專案的必需性與亟需性有正確的認知，它如何啟動、如何建立，領導力培育計畫的設計，企業內部養成計畫及企業教練的評估機制……等。但是，為什麼我們現在要關心這個課題呢？它對企業有多重要多急迫呢？讓我以一個故事來開頭：

在一個饑荒的初夏，有一隻老鼠到處找不到食物，最後不小心掉進了一個半滿的米缸裡，這個意外讓他特別的高興，因它可以短暫的不愁吃，在確定沒有危險後，便是猛吃，吃完後倒頭就睡。這樣的吃完睡，睡完吃的日子倒也悠哉。老鼠也曾為要不要跳出米缸而有過思想掙扎，但最後還是拒絕不了誘惑，以及出來後可能面對的饑荒，他還是決定留在這個舒適區。直到有一天米缸見了底，它才發覺這米缸的高度已超過它能跳出的高度，自己想跳出來，已經無能為力了。

我們每個人常為「要不要離開舒適區去冒險」而猶豫，組織也常為「要不要離開舒適區做轉型」而猶豫不決；但這是個重要的關鍵抉擇，多呆一天，多貪吃一粒，我們就越難起步，直到時機已過，好似老鼠在米缸底部，再也跳不出來了。

企業最終的競爭在於企業文化的競爭，是人與人在意識上，潛能開發上，在潛規則的鬆綁上，更是在積極心態上的全面競爭。接下來你會知道：教練型的企業文化是企業的真寶藏，這將是企業的核心競爭力。

3

COACHING
BASED LEADERSHIP

為什麼變？該怎麼變？
教練型企業文化的
管理新貌

我常問企業老總們兩個問題：「你企業面臨最大的問題是什麼？什麼事會讓你晚上睡不著？」，答案總是出乎一般人的意料之外，不是企業經營變革或是競爭力，而在「高層主管間協調互動差」，這就是高層間的溝通出了問題，企業教練文化的建立是解決這問題的良方。

有兩條魚兒在池塘裡游，有一天早上他們碰到了面，一條魚對另一條說，「早呀，今天的水真乾淨新鮮！」，另一條魚問：「水是什麼？」

文化是那看不見的水

　　企業文化就是這麼回事，你不在意就不察覺，你不會問「水是什麼？」

　　可是，當你在意關心時，它對企業每一個員工影響深遠。我們常會說個順口溜：「計畫趕不上變化，變化趕不上老闆的一句話」，這就是企業文化的表徵。

　　如果你是老闆或領導，你知道你是企業文化的縮影嗎？我們在前面提過：領導人對員工提的「建議」常常會被解釋成為「命令」；如果領導人沒有自我認知，可能你還是認為只是說說而已，可是員工卻是當「真命令」在奉行；如果沒有追蹤，那也可能是「不會被執行到位」的「建議」。太多「沒有被執行的建議或命令」是企業失敗之源，大家只是空轉瞎忙，沒有效益，這也是一種企業文化的表徵。

　　英特爾前董事長葛洛夫曾在他的著作《葛洛夫寫給經理人的第一課》（*High Output Management*）裡，將會議分成兩種，一種是「結論導向」的會，一種是「流程導向」的會，目的在尋求參與者的意見並建立共識。中國的聯想電腦內部則用「務實會」和「務虛會」來區分這兩種會議，這是很好的說法。「用不同的方式有效溝通」的文化是企業文化重要的一環。

　　我認識一個老總，他很喜歡讀學習和看書，「每次」出差回來或和客戶開會出來，他總會告訴員工說：「我有一個不錯的新

點子」。讓我們先問問自己：

如果你是企業領導人，你有這個習慣嗎？

如果你企業的老總有這個習慣，你又會有什麼反應呢？員工們又會有什麼反應呢？

請把它在後面寫下來，這是對企業文化的一個小檢驗。

這是我們針對以上問題得到的一般回饋：

高層主管會問：為什麼他會有這想法？他看了什麼書？又和誰談了？他在想什麼？他是當真呢？還是說說而已？

中層主管會說：今天又是吹什麼風？到底高層領導們的想法又是如何？他們同意支持嗎？對我的工作會有影響嗎？

基層員工會說：他又來了，先停聽看，過兩天就沒事了。

最後，大家都是「停聽看」，沒有追蹤，最後不了了之。這就是「企業文化」裡的潛規則。我想這個現象在大部分的企業都可能存在，這造成了企業的空轉。如何將學習型組織裡的能力轉化成一股積極的成長動力呢？如何跨越這鴻溝呢？企業教練幫得著！

企業文化有多重要？

有家亞洲航空公司在幾年前發生了一場空難，機上旅客及機組人員幾百人全部喪生，發生的原因經事後調查得知，機長沒看到儀表板上的一個警告訊號，可是副機長年資淺，不敢向老機長報告，他認為機長有足夠的經驗來處理這事，最後待機長發現時已經太遲了。

我們的企業是不是也是如此？資淺的員工只有聽命行事的份兒？縱使看到企業發生了大問題，也不敢講？或只能報喜不報憂，直到問題嚴重了，老闆才追問：「為什麼事先沒處理？」

有一位學者拜訪一家企業總裁，他開頭就問：「請問你企業在招募新人時，是否有將個性『溫柔可親』放進考核項目？為什麼你們的員工和別的企業不一樣？在這兒我看到了別的企業看不到的『真誠的笑容』。

這位總裁回答：「我也答不上來，但我們領導人倒是真誠的希望每一個員工都能開開心心來工作，這才能為顧客提供最好的服務，把公司工作當成自己的家、自己的事業來做，我們希望大家都能成功」。這就是一種企業文化，就是那種「看不見的水」。

在美國「西南航空」公司的空服員穿著，和你我在辦公室沒什麼兩樣，不再是「空中小姐」的美麗裝扮。他們的企業文化認為他（她）們是為旅客服務的，由登機開始到下機，只要是為旅客服務的事，什麼都做；最重要的是他們的責任是為旅客「創造一個難忘的空中旅行體驗」，所以你可以期望在機上會有許多的歡笑，如為機上的壽星乘客歌唱生日歌與慶生，以及介紹一些將飛抵城市的特色體驗。當旅客離開後，他（她）們還要負責將機

艙內打掃乾淨，預備迎接下一波的旅客。這樣做，一方面是快速又節省成本，另一方面也創造了另一個特殊的企業文化：「歡迎到我們的機艙來，這是我們親自為各位預備好的舒適環境」。

這好似我們搭乘計程車一樣，如果司機將他的車打掃乾淨，我們會有「賓至如歸」的感受。西南航空公司業績出色，從不裁員，是商學院經營管理課堂裡的模範案例。

這些企業的差別之處正是企業文化，《從A到A+》一書的作者柯林斯（Jim Collins）說，「現在是企業人才的競爭，更是企業文化的競爭」，此話一點也不假。

什麼是教練型文化（Coaching Culture）

在介紹教練型企業文化前，我得先說個故事。

現任的美國總統歐巴馬在2009年初進白宮時，在一個電視專訪中說，「如果你要在首都華盛頓交到一個知心的朋友，那最好的選擇是養條狗」，狗永遠對主人傾聽，微笑，不和你吵架，沒有不同意見，但是到末了，沒行動。這是個笑話。

對企業領導人來說，你們要的是這種類型的員工嗎？他們在你說話時安靜聆聽、點頭微笑，不提他們心裡的不同想法或意見，可是會議結束後私底下又意見一大堆。如果沒追蹤，最後是沒行動，沒結果，不了了之。你要這種企業文化嗎？麻省理工「史隆管理學院」的教授彼得‧聖吉（Peter Senge）在他的「學習型組織」理論架構裡，提到了「五項修練」：自我認知自我超越，改善心智模式，建立共同願景，團隊學習及系統思考，這些就是「教練文化」裡重要的基礎。

在有「教練型企業文化」的企業裡，領導者們真誠相信「企

業的目標」及「員工個人發展的目標」可以共存共榮。經由建立一個安全互信的企業環境，不斷啟動員工個人的自我認知，鼓勵他們開放溝通自己的想法，發展自己的潛能，有目標有夢想，主管也能在互信的基礎上適時的對員工的想法提出挑戰，讓員工學習做決定，並學會對決定的事負責任，強化員工對組織的承諾；這要在企業內建立一個安全機制，建立相互的信任，不斷的正向的對話及肯定，相互支援與激勵，這是「教練型」企業文化，而這也要靠「專業教練」來協助達成。

專業教練（Professional Coach）

幫助學員達成他個人在生命，工作及組織裡做出更傑出的表現；經由教練的專業教練流程，學員能經由互動型的深度學習，來改善自己的能力，並強化他個人的生命價值，並與組織目標接軌，最終提升組織績效。

在我們的教練案例裡，專業教練要注意的除了教練的專業技術與能力之外，還有許多重點，比如說：行業專業的專業背景，注意文化鴻溝……等。另外，如何瞭解學員（員工）的心態，也是有效溝通必備的能力。

每個人在不同的時間、不同的事件和場合可能有不同的心態，有時他是大人的心態，有時又變成小孩的心態，做個教練，我們必須審慎瞭解學員心態，運用適當的交談技巧。

比如當一個人失去所愛時，他的心情是小孩，他需要的是「是被安慰，是有人瞭解他的心情」，可是當一個年輕人面對求職發展時，他的企圖心是大的，強的，他的心態是成人，他要的是被肯定，被支持，因為他是個成人。

另一方面，由於在這個高速變化高速反應的時代，經理人被要求要能「快速反應、快速決策」，他們的領導方法及心態會偏重「教訓」型，給「指示」或「方針」，而比較沒有耐心詢問員工的想法，這是「父母」對「小孩」的「教訓型」方式，這在每個辦公室隨處可見。

　　教練的責任和目的就是要轉變這種領導模式，讓經理人能改變心態，由「父母」對「孩子」的心態，改變成為「成人」對「成人」的討論，互相尊重，開放參與，給予選擇，給予激勵，容許失敗的新領導環境，讓員工有做主人的心態，這正是本書的主題。

　　圖3.1這個模型也可以應用在不同的情景：像是在組織裡的主管（領導人）對員工；在培訓教室裡的專家對學員；在市場上

圖3.1 | 你怎麼和他們說話？ |

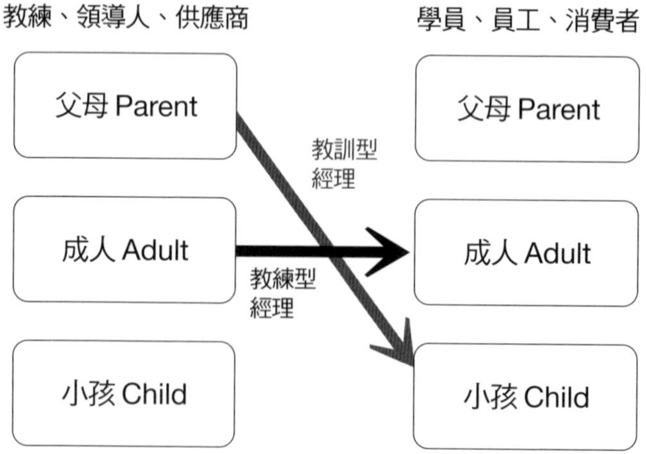

教練、領導人、供應商　　　　　　學員、員工、消費者

父母 Parent　　　　　　　　　　父母 Parent

　　　　　　　教訓型
　　　　　　　經理

成人 Adult　　　　　　　　　　成人 Adult

　　　　　　　教練型
　　　　　　　經理

小孩 Child　　　　　　　　　　小孩 Child

的供應商對消費者。老闆往往認為員工像小孩一樣不懂事，凡事交辦教訓；專家認為學生不懂，所以才付錢來聽課；供應商認為「我對我的產品最懂」，不斷的廣告告訴消費者「我的商品有多好」，卻沒有問消費者需要什麼？我能提供什麼服務？

我常大聲疾呼我們的領導人，少做「IT」（Information Technology，資訊傳達）式的政策或技術解說，多做「ET」（Emotional Touch，情感觸動）式的交流，以觸動員工或消費者的心弦，將交流的物件（員工、夥伴、顧客）當作成人，給予平等對待，願意多傾聽他們的聲音，這就是「教練型」的企業文化。

而要建立教練型的企業文化，有六大步驟：

對現有企業文化的體檢和機制建立。

企業高層領導人對企業教練價值的認知。

為什麼我們現在需要引進「企業教練」？它是必需和急需嗎？

開始引進「企業教練」的六個步驟。（本章稍後會說明）

與現在的模式有何不同？

我們可以期望帶來什麼效果？

對企業文化的定期體檢和機制建立

有個年輕人向一個有智慧的長者求智慧，這長者要求這年輕人每天到稻田看看，並報告稻子成長的狀況，年輕人第二天說「沒長高」，長者說：「再仔細看」，隔天回來還是「沒長高」，過了幾個月，稻子高到要採收了，長者問：「這是怎麼回事？它天天都在長高，只是你沒察覺到」。

企業經營的大環境也是如此，以前一個科技技術的革新換代可以是五年、十年，現在可能一年就有許多的變化，它是時時在變，只是我們太忙沒察覺到。我們的策略要變，人才經營方針要變，企業文化也要跟著變；想想幾個過去十年間大變化就知道：網際網路，社群網，無線網路傳輸；一切數位化、網路化、無線化、全球化；就以蘋果公司為例，他們今天的定位和商業模式和五年、十年前有多大的不同？那可以說是「翻天覆地」的大變化，而我們自己的企業又改變了多少？

既然企業文化需要時時翻新，我在此提供讀者們幾個行動建議：

定期做企業文化體檢：最好是半年一次，至少一年一次。

對企業使命，價值及遠景的定期更新，要做「務虛會」型的討論，多讓員工參與，對重要的主題尋求共識：哪些要保存？哪些要捨棄？哪些要加進來？然後再做決策往前行。在年度計畫時不要只訂硬實力的「KPI」數字目標，更要對企業「軟實力」的發展和投資也要有一個檢驗機制，我叫它 SLRP（企業中長期策略發展研討會，Strategic Long Range Planning）

讓高層領導人認知企業教練價值：
教練型文化會帶來的事

我常問企業老總們兩個問題：「你企業面臨最大的問題是什麼？什麼事會讓你晚上睡不著？」，答案總是出乎一般人的意料之外，不是企業經營變革或是競爭力，而在「高層主管間協調互動差」，這就是高層間的溝通出了問題，企業教練文化的建立是解決這問題的良方。企業教練文化會強化：

分享或使用企業內的知識。

在企業內創造開放及互相信任的氛圍。

企業內的決策會更開放、明快及更多的參與。

在運作過程中，間接的提供員工學習及成長的機會。

跨部門間的合作，減少資源浪費。

願意主動參與，幫助他人成功。

學習共同承擔團隊責任，人人成為「有擔當（Accountable）的人」。

有「下次會做得更好」的激勵精神。

而企業教練文化也會弱化：

誤把「資訊」當「權力」。

企業內的「孤島」減少：跨部門間或人與人間的互動強化。

內部競爭轉化成協同合作。

「達成目標」不再遙不可及，因為「我們能」的精神。

但是，很多人也許要問：「為什麼我們現在需要引進企業教練文化？」答案是，因為這是必需和急需做的事。我來舉兩個案例給大家參考，也許這樣的企業就在你身旁：

首先是一家百年企業

這家公司的老闆一代傳一代，倒也是間成功的百年老店，但是傳到這新的一代就快經營不下去了，因為第一：業績沒法突破成長，不小心就虧錢。第二：員工的離職率高升，不能辦事的不走，能辦事的都走了。第三：老員工、老幹部常常結黨、搞小團

體，新進人才留不住。第四：外面的環境變化太大了，靠老闆一個人是不行了，忙死了還是常做錯誤的決定。我們不能再這樣幹了，那該怎麼辦呢？

第二家是間多元化企業

這是一家由小家電產品起家的企業，業務蒸蒸日上，老闆不斷投資在其他不同行業以分擔風險，陸續成立了「地產」、「手機」及「汽車材料」事業部。老闆能力強，一直一手操控企業運營，由一百人的企業發展到幾千人的集團企業。幾年前它預備要上市，聘請了一家顧問公司做諮詢體檢，這是那家顧問公司的報告：

這是一人公司，不是千人企業：沒看到人才。

跨部門間沒互動：全部是直接聽老闆一個人的。

人才老化嚴重：老幹部等上市後就退休，沒有能接班的年輕幹部。

年輕人留不住。

每個事業的市場都不相同，變化競爭越來越大，企業競爭力不強，獲利力弱。

當然，老闆也知道這些，只是以前他不覺得這是個問題，他也覺得還可以靠自己努力把公司做好，他想「待上市後再專心做投資不再這樣勞累」，他也認為「用高薪水不愁找不到人才」；誰知人算不如天算，這次的經濟大波動讓他的企業大虧本，應變能力太差，上不了市了。

這家企業的老闆知道是改變的時候了，否則他可能永遠沒法退下來了；那他該怎麼改變呢？

別讓「該怎麼辦？」這個問題遲到

我們曾提到了許多外在環境的大變化，企業領導人總會有「計畫趕不上變化」，這種環境會繼續存在，我們再舉幾個深深影響我們的大趨勢變化。

外在環境的不確定性：

太多的因素影響著趨勢走向，誰也說不準。教練型文化能激勵團隊「各司其職，同舟共濟」，強化企業能量。

「及時性，靈活性」是現今市場的特色，舊有的「生產導向型」企業，「計畫經濟型」企業及「老闆說了才算」的企業都要逐漸被取代，一個人或少數領導人的能力已不能應付，最佳的模式是「全體動員、啟動潛能」的服務型企業，這就是「教練型文化」。

新世代員工的加入：

新的一代是「高新科技」的重度使用者，也是網際網路的忠誠擁護者，這一代有他們特殊文化。他們是「顧客」也是「員工」，舊一代的行銷或領導管理模式只能管到他們的外表行為，帶不動他們的心。教練型文化是解決這種困境的最佳解答，可以鼓勵新一代員工參與，互動，合作創新，這也是這一代人需要工作環境。

「大家長式」或「軍隊式」的領導統御模式都將會成為過去，我們不再過度強調思路的「齊一」標準化，全球化的改變讓我們必須更尊重、接受並應用「本地化及差異化」的能量才能勝出，要能尊重不同的思路及意見。這些都是「教練型文化」帶來的新長成元素。未來的不確定性，全球化，市場的多樣性及市場

區隔會越來越細，企業需要更多員工集體智慧的投入。

教練型企業文化已不是「能有最好，沒有也沒事」的選擇，這是企業在面對新一輪的挑戰必備的能力，這不只是「需要」，而是「必需」，這也是企業「急需」要建立的核心競爭力。

當企業需要更多「領軍人」的時候，很多員工要學會參與做決定，並對他們參與的決定負責，決勝關鍵在領導人及員工對企業要以主人翁的心態來做決策並負責、有擔當，好似在經營自己的事業。領導人及員工對所做的決定要能有持續性，要學會「站在高一層級看問題」，要能看得遠，不尋求短期利益，讓企業長青。

而針對這個主題，我常問企業老總兩個基本問題：

你需要做改變嗎？你知道變和不變的困難和代價嗎？

你要何時啟動？現在變，要付多少代價？以後變，又要付多少代價？要算計一下，這個決定對經營者不難，難在啟動；我們常聽一句老話「立志行善由得我，行出來由不得我」，這種困境，教練也幫得著！

引進「企業教練」的六個步驟

所以，要如何引進「企業教練」的企業文化呢？我們認為有六個重要的步驟：

第一：建立「必要性」及「急迫性」

要找到一個「必需和急需改變」的啟動專案，而且它得對企業效益有最大的衝擊。

我們剛剛看到兩個案例企業，都走在關鍵點了。我們看到許多企業導入「教練型」文化是基於這是「最佳的選擇」，它現在不做，以後的投入會更大；此外，這個啟動專案如果是在「領導團隊」，那效果會更佳。像「福特汽車」及美國一家高爾夫球具公司「泰勒發」（Taylor Made）在引進企業教練時，領導團隊都親身參與，體驗，實踐並看到效果，他們可以成為最好的引導模範，這是最佳的典範。當我們計畫將「教練型文化」複製擴散時，來自於高層的體驗與支援是重要的元素。

第二：企業第一領導者的覺醒與轉變是關鍵

在2008年的「次貸經濟危機」時，許多美國地產商受傷慘重。但有一家地產商的老總和他的合夥人決定開始改變，他們知道必需重新定位自己的心態、市場、能力及企業形象。他們也知道這必需先由自己開始啟動，於是請了一個企業教練和他們一起合作做企業文化轉型，企業第一領導人也是「領頭羊」，當他把事情想通了、想透了，企業就可以快速做個大轉身，特別是企業的文化轉型。

當時，企業教練對這家地產商的管理團隊問了幾個問題：

你們的新定位目標是什麼？能說清楚嗎？越仔細越好。你能描述達到目標後的那個情景嗎？

為什麼是這個目標？憑什麼設定這個目標？可以將這目標再調高一些嗎？

過去哪些舊有能力是「可以保留」的，可以延續的。

哪些是「必需」捨棄的？（你們肯丟嗎？）

有哪些能力缺口是你們必需重新學習的？（你們知道要付多大代價嗎？你們願意嗎？你們付得起嗎？）

員工的心態及行為必需要有什麼改變？

你們知道做這個改變會遭遇哪些困難嗎？你們心裡準備好了嗎？

你們如何達成新的轉型？有計畫表嗎？

何時開始啟動？有指標嗎？

怎麼樣才算成功？

成功了，如何慶祝？

如何能持續呢？

第三：領導團隊及高層領導人的承諾及投入

這件事要分成幾部分來說：

高層支持：除了人力資源或人力發展部門副總裁的全力支援外，還需要一位事業部門資深副總裁以上層級的領導人當專案主持人，他要對人才發展有熱情、有使命感及在企業內有影響力，主動願將這項目放在他的績效目標及考核專案上，這才會有機會開花結果。不要只在人力資源或人才發展部門打轉，要與事業部、生產部、營業部或其他部門接軌，一起來計畫，人才發展計畫是企業內的大事。

發展機制與預算：要將「企業教練」項目放進人才發展機制內；要有發展「高層主管」能具備「教練能力」的計畫和目標；這是建立「教練型文化」的根基。不再用命令式的管理領導，而改用「傾聽式，發問式，挑戰式，激勵式」的新模式，這要進行培訓，給予工具，並建立個人的季度及年度成長目標。

考核評估：在定期的年度考核評估表內（特別是360度評估），加進「教練式」能力的績效評估。這是「學習型」組織成

功的要項。

第四：要與企業的目標一致

我在訪問很多企業有關「企業教練」成功原因時，「要與企業目標接軌」是最常被提起的事。我們要時時提醒這是「企業人才發展」，為的是企業的績效與發展，為的是企業長遠的競爭力與持續發展。依我們的調查研究，企業目標與這個專案直接接軌的是「人才才能發展」與「領導力發展」，它不但要發展更多的「專業人才」，而且要更多的「領導人才」，這也正是企業教練的工作重點。

第五：激勵機制

建立激勵機制，才能發展「教練型文化」，實行的方法包括：

建立社群，分享成功經驗。
對做對做好的人或事，在各種場合予以表揚。
對有「教練型領導力」的主管予以優先提升。
提供「教練」諮詢，給予必要的成長協助。

不過，不要期望每一個高層主管都會投入，也不要強迫主管或員工參與這類培訓，這是沒效果的。我們要的是讓第一批有熱情、且認同的人參與，建立第一個成功的範例，再擴大到其他部門，讓最後或沒參與轉型的人知道他們可能會被淘汰出局，了解這是大勢所趨，而這也是他們自己的選擇。「泰勒發」的高層主管就告訴我，經濟不景氣時，這些「教練型領導人」在企業內發

揮了很大功效。

第六：與企業內「人才發展系統」接軌才能持續

這是引進企業教練能不能「持續發展」的重點，否則就會只有三分鐘熱度，接軌的行動要包括：

人才招聘系統：找進來的新人是要有溝通，互動，合作及分享人格特質的人。

人才培育系統：在專業人才的培訓基礎上，再加進「領導力發展」及「一對一」個人發展教練，構成完整的個性化人才發展體系。

人才「接班及提升」系統：將「教練能力」放進人才提升及接班的要件中，這是領導力的基礎。

人才考核系統：在定期的績效評估表裡，「教練能力」是一個要件。

資深員工的能力傳承系統：這個系統對企業越來越重要了，如何能有效的將老幹部的經驗能力做傳承，培訓教導不是最有效的方法，教練式的教導才是最佳的學習方式：讓資深員工開始以問問題，傾聽，再給於提升高度的挑戰及引導的方式做傳承。

引進企業教練後，最大的改變是在心態上。企業領導不再將員工當小孩來對待，而以成人的心態互相對待，尊重他們的想法看法和差異；再運用教練技巧（在第三部我們會再說明），如深度傾聽和問問題、給予挑戰、引導、提供舞臺、設定目標、發展潛能、發揮強項、達成企業使命；這不再強調內部競爭，而在協同合作；不在贏，而在雙贏。領導者是個啟動者，引導者，鼓勵者及支持者；領導者也是員工的教練及事業夥伴。

教練型文化讓公司開始不一樣

我們調查研究的結果告訴我們，有了教練型文化，員工對企業的承諾增強，離職率顯著減少了。

而且員工的工作滿意度顯著提升、士氣提高，客戶的滿意度也提升了。這對企業業績增長會有積極的效果。還記得賣鞋公司ZAPPOS的故事嗎？它的老闆在新進員工第一階段培訓完畢時，給四千美元讓自己覺得不合適的員工離開。他要的是「員工的滿意度和對企業的承諾」，企業文化是基石。

教練型文化提供了一個嶄新的辦公室文化，讓企業能更強化，更能夠耐住困難，多一份的笑容，員工的潛能得到更大的釋放提升了企業內人與人，單位與單位間的互動合作意識加強了，它更可以：

強化領導能力，領導不再是「命令式」而是「教練式」，危機來時更能承受得住暴風雨。

強化了企業內的互信及透明度，減少了許多溝通及管理的成本。

讓「教練型」企業文化生根

我們曾經訪問過許多實施「企業教練」具有成果的企業（本書第四部會專文介紹這些案例），他們都有個共同的特色：就是有組織架構在支撐著，而不是靠個別項目來發展。

企業文化是企業的根基，它涵蓋了企業使命、價值觀及遠景。它不在乎牆上怎麼寫，而在乎員工怎麼想、怎麼行動。教練文化是其中最關鍵的一環，是「價值行動」（Value In Action,

VIA）。如何能以領導團隊為核心，做「最佳典範」展示給員工，再帶領團隊在「管理、領導、團隊互動，人與人互動，員工與客戶互動」做最佳的轉型。最後再由個人內心深處做最根本的變化，就好似我在前面說的故事：你會看到員工展現最真誠的笑容和喜樂在工作及服務上。這個過程，你可以再參考圖3.2和圖3.3。

不過，引進企業教練的過程，也可能要面對一些困難及挑戰。還記得著名的「彼得原理」嗎？當組織成長到一個階段時，有些人會被提升到一個「不能勝任」的高度，當挑戰超越了他們能力的限度或這改變會強迫他們離開自己的舒適區時，他們會憂慮、緊張；好幹部會及時「覺醒」再強化自己的能力，但更多的人會是採取反對抵擋的立場，這是人的基本自我保護反應，成立小圈子，盡批評不做事，他們會是組織改革的阻力，阻擋新的改革專案，也阻擋新人超越他們。

這些人最常用的方式就是倚老賣老的說，「依照經驗，這專案在我們企業是行不通的」。這是危險的訊號，企業領導人要能分辨出來。我們在本書內還會提到如何解決「對立與衝突」的技巧，這是教練的基本能力之一。

其次，還有些因素可能會影響教練實踐的成效，比如最常說的是「太忙了」，太多的要事，輪不到這項目在他（她）的日程表內；領導人的意志力與決心不明顯，員工主動將這事降低層級；目標不明顯，激勵的動機不強；沒有一套好的評估及激勵機制，為什麼我要跑第一？培訓後，沒有追蹤，沒有資源配備；或者領導人說的和做的不一樣……等。

領導人的決心和表率是成功關鍵。比如許多企業都說「顧客第一」，而當有個員工為了解答客戶一個問題而錯失了開會時間

圖3.2 | 企業教練在組織內的運作 |

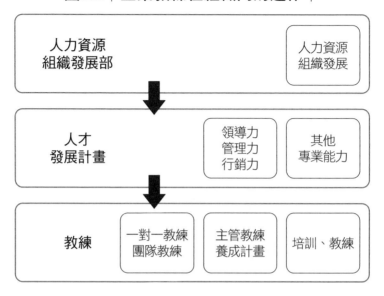

圖3.3 | 企業教練項目啟動後的最佳流程 |

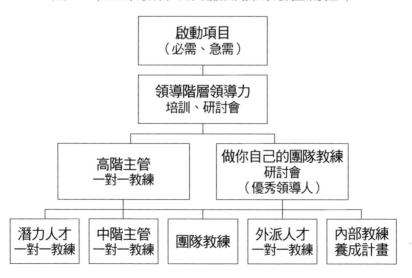

時，身為領導人的你會怎麼辦？是罰他遲到呢？還是當場讚美他一番？

一個人的外在行為會受到兩大力量左右：

第一：文化層次：個人的文化，價值觀，潛意識及企業文化。

第二：情緒：包含你的態度，動機和情感。企業新文化的引進是一個大轉型工程，不要寄望會有快速通道，也不要奢望轉型會一帆風順。

企業教練型文化小體檢：我們現在在哪裡？

在此，我們要用以下一些問題來問問你的團隊成員，請讓員工開誠佈公的回答，以瞭解你目前的企業文化狀況。接下來的題目請以1到5分作答，1分：不好，2分：勉強可以接受；3分：還好；4分：比預期的好；5分：非常好。

我覺得我在組織內很有價值也很愉快，我對未來充滿希望。

我的經理每天鼓勵我做最好的自己，有足夠空間讓我發揮。

我的經理與我的溝通非常開明真誠，且有互動，他（她）傾聽我的意見。

我們的經理非常清楚的告訴我們團隊的目標及我們如何參與貢獻。

我的經理常花時間感謝我的努力及對團隊的貢獻，他（她）對我「成長」的關心超過對「計畫進度」的關心。

我們的經理對失責者給機會改善但不姑息。

我們的經理認為失敗是學習的機會，只是不要再犯同樣的錯

圖3.4 | 面對挑戰的反應 |

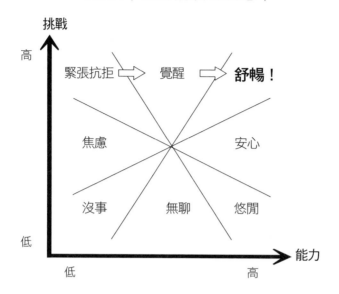

圖3.5 | BEF行為模式 |

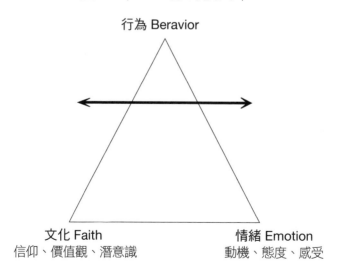

誤。

我們經理對員工的意見及回饋非常重視。

當經理對我們說感謝的話，我們可以看到他（她）的真誠態度。

我的經理不斷的給我回饋支持並幫助我未來的成長，我沒有太大的壓力。

我的經理對我的期望目標很清楚，我相信只要努力我就能辦到。

現在靜下來十分鐘，看看自己的分數。

如果你的領導得分在35分以下要加油，35到45分：有改善空間，40分以上：好可以更好。

一場最重要的企業文化變革

引進企業教練型文化，是一場最重要的變革。這必須靠領導來領頭才能完成，就如我在第二部開頭舉的「老鼠掉進米缸」的例子；也許你的企業現在是一帆風順，在經營的「舒適區」，用今天的方法還是有效，那些可能是「組織分割再生法」，「內部創業激勵法」或「高績效、高獎金激勵法」……等。

但擺在眼前的是另一個新的選擇：「教練型企業」文化。這是更符合人需要的領導力模式，你的選擇是什麼呢？請先看看圖3.6的兩種企業文化比較，可以作為參考。

2009年4月，《今日美國報》（ USA Today ）曾針對全美工作族做了一份調查研究，問題只有一個：「你們在企業裡最喜歡的激勵方式是什麼？」，而且只能單選，雖然我們的環境和條件和

美國不同,但也是有它的參考價值。以下是問卷的結果,也許值得很多企業領導人想一想:

52%:老闆耐心的傾聽我的看法並當場給予口頭讚賞

26%:獎金

9%:休假

7%:培訓

6%:其他

思科(Cisco)的轉型

在本章最後,我們要用思科的最近成功轉型案例來做總結。因為這是一個企業轉型的最佳典範。

圖3.6 | 企業文化的轉型 |

競爭型文化	教練型文化
孤立,競爭,要比別人強。	互動,真誠,合作。
遵守規則,把事情做到最好。	學習型組織,創新多。
工作是個人的責任。	工作是團隊共同分擔的。
工作是壓力。	歡迎挑戰。
你輸我贏。	致力於雙贏。
靜態的互動。	動態的互動。
本位、被動的態度。	正向積極的態度。
尊重專制式的決策。	較透明的民主化決策。
避免衝突。	有處理衝突的能力。
依賴監管。	個人主動積極。
靠系統制度激勵。	自我激勵。
靠主管來解決問題。	非正式的問題解決方法。
整合的團隊。	合作的團隊。

思科自己說是由「共和型」（Republican）企業變成一家「社會型」（Socialist）企業。它最主要的轉變特徵是由以前以幾個部門主導的產品市場研發，改成現在由「五百個核心工作小組」來負責，由這些員工組成的小組來直接面對市場。（請參考圖3.8及3.9）思科選擇這樣轉型的主要原因是：科技的變化引領著大趨勢，客戶群也跟著變化，特別是新興市場，新興起的科技應用市場大大加增，用傳統組織模式已趕不上這種變化，必須完全打破舊有的模式，新啟爐灶。

　　也由於該企業領導人的企圖心及決心，使得思科在組織，策略，運作及合作流程都做了一個大翻修，這是從來沒有過的企業組織模式，然後它又接著在「企業文化」再做更進一層的深化。而這種新「網路時代的組織」，如何由以前支援少數的事業單位，演變為支持「五百個」小部門，這其中「人才發展」特別是

圖3.7 ｜ 思科轉型前：傳統式的組織 ｜

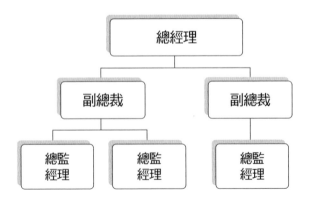

一件複雜但也是有挑戰的事。

在思科，不只在產品技術的發展管理，更重要的是它在國際化人才的培育，成長發展，評估考核，文化，跨部門跨文化合作，激勵機制……等，這使它得要有靈活性，個性化的文化特色，而企業教練成了他們轉型的一個強力支撐點。

圖3.8 │ 原本市場導向的組織 │

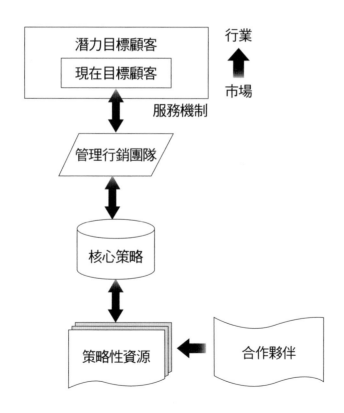

圖3.9｜轉型後的網路時代新組織｜

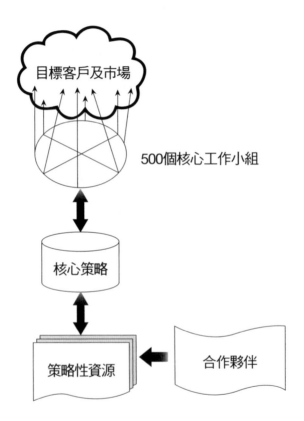

RAA 時間
反思Reflection 更新Renewal 應用Application 行動Action

1. 我們企業要轉型成為「教練型」的企業嗎？我們要怎麼做？
2. 哪些企業文化要保存？哪些要捨棄？哪些要引進學習？
3. 如果已變成具有「教練型」企業文化時，想像我們公司的企業員工和顧客會有什麼不同感覺？（給自己一個圖像。）

4

COACHING
BASED LEADERSHIP

從好到優秀的領導——
如何培養教練型經理人？

教練不在為學員「解決問題」，
而在幫助學員建立「解決問題的能力」；
不在「賣魚」，而在教導學員「釣魚的能力」。

有位妻子在廚房裡炒菜，他的先生一直在旁邊嘮叨個不停，「加一勺油！放醋！小火！快翻面！唉呦太老了，快鏟起來！」太太最後忍不住了，「你給我閉嘴，我懂得怎麼炒菜！」「你當然懂，太太，」先生說，「我只是要讓你知道，我開車時你在旁邊嚷嚷不休，我的感受怎樣。」

這是一則笑話，但也不是沒道理，不只在家裡，企業裡也是。老闆說授權、授權，但是每天還是對公司大小事都指指點點。有些人已由工程師升任到工程部經理了，可是每天還是在和員工搶著做工程師做的事，對負責做這些事的人指指點點。有些創業者公司也有幾百個員工了，可是部門經理每做一件事，基層員工都會問「這事老闆同意了嗎」，可是這些老闆們不知道。我們有太多的後臺老闆，這些無形的手在影響著每個人的行為及企業的運作，這是都是企業內部的潛規則，老闆們不知道也不會同意。這些問題企業教練都幫得著！

成功企業的兩個重要指標

成功企業有兩個重要指標：一是客戶的忠誠度，二是員工的敬業度。

卡爾登國際酒店老總曾說：「客戶的感覺就是事實」，不需再去調查研究分析或要老闆的簽字，這才能提高員工的積極性與擔當，這也才能建立客戶的忠誠。有一則有關卡爾登酒店的案例流傳已久：一個旅館的顧客因為臨時有急事必需提前離開，可是他今天的清洗衣物來不及拿回了；旅館員工自動的用快遞隔天準時送達到他的新目的地。當客戶在他人面前對你企業做評價

時，他們只有簡短的一句話；可能是「非常滿意」或是「差勁透了」，這就是你企業的定位，不在於你企業怎麼說，而在你的顧客說什麼，這是客戶滿意度，這些都要靠每一位高效敬業的員工一步一腳印的來達成。

至於員工的敬業度來自於「誠信，信任，尊重及熱情」，如何建立一個企業文化，能充分的信任員工，在安全的環境下，激發員工的尊嚴與熱情，最終在客戶服務上體現出來，這是企業領導人的最大挑戰。

在今天的市場裡，顧客不在尋求交易，而是在尋求「最好的交易關係」，我們叫它「消費者體驗」，顧客的選擇很多，但能感動他們的心的供應商卻不多。

最近有一本新書叫《為什麼好的企業會失敗？》（*How the Mighty Fall*），是管理大師吉姆，柯林斯（Jim Collins）的傑作，他指出企業衰敗有五大階段：第一：太高傲或過度自信，自己不知道。第二：缺乏自律，過度投資或擴充，多元化，多角化，進入自己不擅長或沒熱情的領域。第三：輕忽了風險與阻力。第四：警醒了，看到問題，尋求救援。 第五：失敗做終。在景氣好的時候可能大部分的企業在第一到第三階段都不會察覺，但是到第四階段時已是病人膏肓。企業風險管理有一個叫「水平線理論」（Waterline Principle）；一艘船不怕有破洞，但要問破在哪兒？是多大的洞？如果洞是在水平線以下，洞又大，那問題就嚴重了。企業教練是好的鏡子和那束光，能幫助領導人看到自己的真實狀況，能及早看到企業內部的黑洞和它的位置。

要成功，先成為一個優秀的經理人

我們來看看最近人才市場對「領導力」調查研究的排行榜，了解一個高度被信任的新時代領導人會有哪些特質？排在前十項的是：

第一：要有願景

清楚的知道目標和方向，他也能很清楚的描述達成目標後企業的情景，且能贏得員工的信任。

第二：要有幾把刷子

我叫它「5C」（Courage：勇氣，Competence：能力，Communication：溝通，Cooperation：合作，Commitment，承諾）。

「勇氣」是只要是對的事，縱使面對困難還是要勇往直前；「學習新能力」是指願意承擔風險，帶引企業開創機會，啟動轉型。能力也包含知識，要求技藝和軟實力增長，在這技術快速轉換的新時代尤其重要。「有效溝通」不只在講，更是在聽，在分享；要學習與不同意見的人「合作」；要能夠「信守承諾」。

第三：要贏得信任，要能受尊重

要能公平正直，又能為他自己做的決定負責有擔當。

尊重是另一個高度的成功指標，因很多成功的人不一定是受尊重的人。我們一般人成功的定義是來自於「取得什麼」，「贏」及「擁有」。而要能夠受尊重則是不同的思路：要能「給予什麼」、「雙贏」及「付出分享」，這是不同的心態。有些領導人要的是「為達成目標，不擇手段」的「一將功成萬骨枯」式的成功。受尊重的領導人要的是「團隊成功」，「隊員每一個人都成功」，這是「目標領導」的基石；這是心的付出，也是「員工敬

業度」的基礎。

第四：能有效溝通：

• 要透明，有話直說，也願意並能夠說得明白。

我曾在一家企業做諮詢，在一個高層主管會議裡大家討論的很火熱，企業老總也做了一些評論或指示，這是一個成功的會議。在會後的聚餐裡，老總臨時有事沒來，有個副總就說了：「我猜老總剛才說的話的意思是……」，我嚇了一大跳，怎麼在會議裡的討論還是不能夠做「完全溝通」呢？你的企業會有這個問題嗎？那他們需要的正是「教練型」的企業文化。

• 要能傾聽，包容「異見」。

這件事有些難度，特別對一般領導人，每天大家都是又急又忙，大部分時間都是由秘書定好的，「人在江湖，身不由己」，哪有心情靜下來傾聽？但是我們要記住「靜下來傾聽」是邁向教練型領導人的第一個高峰，也是一個新里程，這會決定你要不要踏上改變的旅程。

第五：價值導向

有原則有立場敢說不，「不打滑」的正直領導人是值得跟隨的，這是一個人的人格特質。

第六：追求效果，價值啟動

企業領導人之所以為領導人，是因為對企業的獨特價值和貢獻，要為團隊的結果負責，這是不可迴避的責任。

第七：學習力是保持企業長青的秘訣

面對不確定的環境，唯一確定能勝出的要素是「學習力」，每天有太多的變化，技術，經濟，市場，政治，文化，法律，環保，社會……等，所以我們要不斷的學習更新；環境不同了，我們領導及服務的對象也不同了，我們的領導風格要時時更新學

習；學習是保證企業長青的秘訣。

第八：用「心」樹人，培養更多的教練型領導人：

成功的領導人有足夠的信心，對自己有信心，對團隊也有信心，他們知道他及團隊的成功是要靠更多的「領導人」往高度往深度往廣度發展，這是一個人沒法達成的，他們能分享權力並協力合作，是願共創雙贏的「領導力2.0」的領導者。

第九：協力夥伴及忠誠客戶

未來的成功不再是「唯我獨尊」可以達成，而是更開放分享與合作，這是鐵律。如何建立一個「分享的願景」，能有效的溝通整合信任與尊重，針對市場的需要，建立一個即時最佳的「協力團隊」，如何將協力夥伴及客戶納入到你的產品開發流程裡是一個新的領導力指標。

第十：更開放更透明的文化：

美國總統歐巴馬在任命閣員的過程時，有些候選人的資格或信用不佳而沒法得到參議院的認同，他向美國的民眾公開道歉，他說：「抱歉，我把事情搞砸了」，這使人印象深刻。如果要建立一個新企業文化，需要領導人能開放透明傾聽和包容。

美國總統歐巴馬上任90天的「領導力檢驗表」

美國幾個退休的企業總裁對他們國家新領導人歐巴馬，在他就任九十天時做了一個績效評估，他們的評核專案是這樣的：

遠景：對國家的新目標，政策，定位及方向是否清楚。

有效溝通能力：它是否有效的利益各種機會來向民眾說明他的政策？

歐巴馬曾利用國內外各種場合及機會，連深夜針對年輕人播映的電視訪談時間也不錯過，清楚的和全世界的人溝通他的政策，包括他企圖化解美國與穆斯林世界的對立。

　　團隊建立：重要的指標不只是用人唯才，而是能否包容「異見」，能把反對或不同的聲音拉到你的隊伍來，這是一個風險，也是一個機會。

　　執行力：計畫思考整合時不能快，要儘量思慮周到，但是做了決定之後，行動要快。

　　人性化的領導力：要真誠，要能親民，有感染力，讓全體團隊動起來支持他，這是不可小視的力量，相對的減少了阻力。

　　在此我們不談歐巴馬得多少分，但這也可以用到你我的企業身上。 不只是個新主管上任九十天的檢驗，更重要的是在新年度的規劃會議上，除了以上五個大項之外，我還會同時鼓勵領導團隊的每一個人，問他們自己以下幾個問題：

行業認識：
如果我們不在這個行業，我們今天還會投入這個行業嗎？
如果不會，我們該怎麼做？有哪些選擇？
如果會，那在新年度我們會有什麼不同的做法？
如果我是這企業「新到任的領導人」，我會怎麼做？擴大投資，或關閉出售沒競爭力沒績效或沒機會的部門。

有效領導：
企業是否會太肥太胖或有太多的層級？
企業是否有太多「不能勝任」的資深員工？該什麼辦？

企業對新的環境的警覺性靈活性學習性及適應性如何？

如果我是這企業「新到任的領導人」，我會怎麼做？

「人的問題」：企業當前的重大困境

美國創新領導力研究中心（CCL）在最新一份針對347位高層主管有關領導力的研究報告指出，由於經濟，市場，技術快速的變化，人與人間的交流時間越來越少，企業內形成許多的「孤島」，本位主義很重，有些公司如福特、泰勒發的公司老總及時發覺，尋找企業教練幫忙解決，但這些絕不是個案，而是普遍存在的問題。

企業內也同時存在許多不適任的員工，就如彼得原理所說，他們被提升到不能勝任的位置，他們可能是創業夥伴，可能是老幹部，也可能是戰役英雄，你是剛接班的新總裁，該怎麼安排呢？

新一代的年輕人受的教育程度越來越高，能力及能量都很強，只是離職率太高了，留不住人，怎麼辦？這是我們企業的問題呢？還是年輕人不沉穩？這是我們想要的員工，但要怎麼留住他們？

婚姻顧問常講一句話：「要找到好的理想對象，自己要先成為別人眼中的理想對象」。這句話對企業經營也有效：要成為好員工願效力的企業，自己要先成為「好員工」心目中的「好企業」。

而依據美國創新領導力研究中心的調查研究，這些「好企業」對企業高層主管的兩個主要發展項目是：「企業人才發展」及「企業領導力發展」，他們將企業中高層領導人給予人才及領

導力培訓之外，再加上「一對一」的企業個別教練，難怪這些企業可以成為吸引人才的磁石，因為他們知道哪些是對「人才投資」最有效的項目。

如何成為「教練型主管」？領導力的發展藍圖

在我們調查研究的諸多案例裡，我們可以看到「領導力發展計畫」是企業裡「人力發展計畫」啟動的源頭，目的是要讓公司的主管們擁有「由教訓、教導提升到教練」的領導力。這個計畫的流程是這樣發展的：

首先我們要認清有哪些「領導力發展」的機會和形式

‧策略性發展研討會：

新年度計畫的討論，這是企業最常用的一種領導力發展形式。我叫它SLRP（STRATEGIC LONG RANGE PLANNING），目的是建立短期目標，也做前瞻性長期目標規劃；藉著參與，溝通，分享來建立共識，承擔責任；更重要的是要檢討企業願景及投資發展項目，哪些可強化，哪些要放棄，哪些必須新學；不只要數字的指標，更要有人才資本的發展，建立「能負責任、有擔當力，能長青」的企業發展機制。

‧「建設性」重建型團隊領導力研討會：

這是企業引進企業教練的好視窗，有幾種可能機會：第一：企業正在面對的危機處理：如企業員工的自殺事件；高層主管帶隊跳槽；企業嚴重虧損；外部公關危機等；第二是企業面對的困境：如面對新世代人才的經營管理，關鍵人才的離職率，面對開

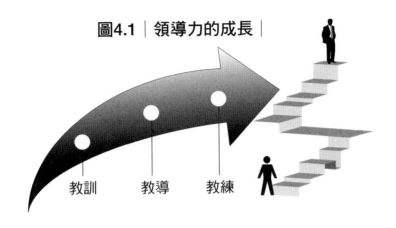

圖4.1 領導力的成長

教訓　　　教導　　　教練

發中國家市場的人才和投資,各層級的接班人選機制和培育;第三是企業必須做哪些改變來因應機會或危機,如:企業由B2B 到B2B2C 的轉變;從OEM(貼牌生產)到ODM(設計委託生產)再到OBM(自有品牌生產)的轉變;如何由經營中小企業提升到大企業的經營;併購;下一波人才的培育養成;多元化和不確定環境的經營;如何避免企業成熟期的老化現象(山頭林立,太重視數字指標,SOP;較少人性關懷;缺跨部門合作和激勵機制……)等。但危機就是轉機,許多企業如福特汽車,就利用外來的壓力來強化企業領導力,轉型成功,你會在第四部看到這些成功的案例。

・新團隊建立教練:

基本上這是一個對新領導,新團隊,新組織,新機會,新年度,或在解決團隊現有困境最佳的方法;比如當新的併購完成後,在不同層級必需要做團隊領導力的整合;又比如團隊必須建立新能力或合作模式時;又如外包夥伴管理與合作及團隊內的

「孤島」事件的處理。

• 領導人個人的一對一教練：

他是最高層級領導力的困境教練，可以與領導人談論：重要人才的流失，員工士氣不振，內部溝通不暢，挫折，失望，沒熱情或全球化，跨文化教練，或當一個主管剛到任或被提升到另一個層級而尋求快速適應等議題。

• 高潛力高價值員工的一對一教練：

這部分我們要先問，哪些是企業內的高潛力，高價值人才呢？這類人才有有兩層意義，第一：依照員工對企業的貢獻價度及人才在市場上的稀有性，我們將人才分成四大類：關鍵人才，核心人才，專業人才與一般員工。人才發展部門及單位主管應就人才的未來發展及每個職位的接班問題，提出正確的策略，這是企業長青之道。（如圖4.2）

第二：除了員工的能力之外，還要再加上面對企業願景員工的潛力發展；員工個人價值觀與企業價值觀的契合；最後是員工個人的企圖心，熱情有擔當和動力，願意付出代價走上這階梯嗎？願意承擔更多的企業責任嗎？（見圖4.3）

其次是，了解領導力發展活動要達成的目的有哪些？

團隊的磨合需要經過以下幾個歷程，領導力的成長也必須經歷過一些「磨練與磨合」才能完成：

對使命感，價值觀，願景的認同。

互相尊敬，互信，建立好的關係。

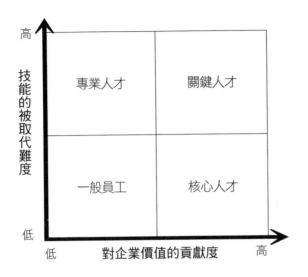

圖4.2 │ 企業內的人才規畫 │

高

技能的被取代難度

專業人才　　　關鍵人才

一般員工　　　核心人才

低

低　　　對企業價值的貢獻度　　　高

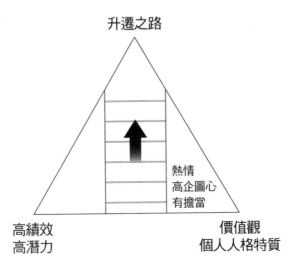

圖4.3 │ 企業高價值人才 │

升遷之路

熱情
高企圖心
有擔當

高績效
高潛力

價值觀
個人人格特質

經歷衝突管理流程，作出承諾。

能信守承諾。

員工能更信得過，靠得住，有擔當。

提高團隊績效，達成企業和個人使命。

而有哪些方法可以達成這些目標？

第一：當企業面對「緊急和關鍵性」的問題時，召開一次「建設性重建型」的高層領導力研討會。最好能邀請外部一位有經驗的「引導型」教練（facilitating based coach）來做會議引導人，確定會議能達成團隊建設的目的。

第二：領導力研討會：

當企業團隊老化，需要新激勵或刺激時，這是個好的方法。這種會議上可以與團隊成員分享相關的調查研究資料：討論大家認同某個結論嗎？我們的優勢，短處，壓力，機會是什麼？

・進行團隊建設團體活動：（請見圖4.4）發給五個人每人一包信封，裡面各分裝了形狀AAC，BFC，IHE，DFG，AAJ 幾塊板子。然後，透過團隊合作，團隊分享，將五個拼圖完全拼好才算完成。接著讓成員分享：因此學到什麼？如何應用這次學習到團隊的建設？

・團隊建設研討：（請見圖4.5）

個人分享：強項，弱點，熱情點，對團隊的認同，團隊中的角色與責任；成功團隊的體驗。

團隊建設：如何建立一個有特色的團隊，有什麼差異性及互補性？

設立目標，挑戰高標：哪個目標的衝擊效能最大？

達成目標的可能選項，哪個是團隊最佳選擇呢？

圖4.4 | 團隊建設活動 |
資料來源：TRIPLE IMPACT COACHING

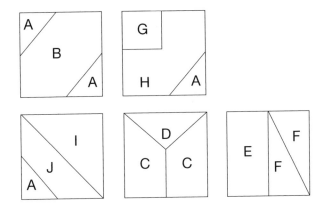

圖4.5 | 團隊領導力建造 |
資料來源：五個團隊建設的迷思

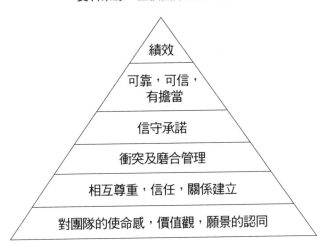

目標拆解，確認專案負責人：哪些是要獨立負責，哪些是要協力的？

資源配置方案。

行動方案，指標。

試點。

開始啟動：試點啟動，回饋及修正。

全面啟動，流程監控。

回饋及修正。

對一個人教練。

這種發展專案約需兩到四個季度，依專案的複雜度決定。

第三：由培訓教導到教練之路

這是入門課程，將教練的特色和價值介紹給企業相關人員，特別是中高層主管，組織發展專業人員，讓他們知道教練是一個人才資本發展的最有效的選擇。

第四：成為你團隊的教練

這是進階篇，讓有興趣的主管能接觸並體驗教練型領導力的魅力，時間不需要長，一天就夠了，最重要的是體驗。

第五：教練型主管（領導人）40天的養成計畫

這是主管的個人發展，幫助他由「教訓型」轉換變成「教練型」主管。課程為期40天，但是這個項目週期要90天，由於這是在促成行為轉變，需要時間。

第六：對主管（領導人）一對一的教練

・設定教練目標及合約。

・對領導人的自我評估及360度回饋，MBTI 性格分析及 EQ 情商評估。（第三部會說明）

・依以上資訊，與領導人深入交談有關「個人自我認知，企

圖心與個人願景，個人優勢認知」。

　　‧依以上資訊，深入交談有關領導力在企業內的「角色責任與願景」。

　　‧找到熱情交集點。

　　‧確定一個最有「衝擊性」主題做專注切入。

　　‧使用「PCA，A.C.E.R 及 GROWS 2.0，6D」等模式進入教練流程。（請參考本書第三部）

　　‧要能找到心底的熱情，建立個人使命目標，計畫流程，檢驗標準與追蹤回饋，這個流程一般是六個月。

　　在本節最後，我們要參考美國西林諮詢公司（Cylient）對 Caterpillar（卡特彼勒履帶式車輛企業）所提的方案，看看他們如何開啟領導力發展：

項目：
北美區客戶服務部門文化重建。

策略：

　　‧先找到內部最有共識最高效的衝擊點。

　　‧建立能量，資源，選擇最佳方案。

　　‧調整組織，運作模式，開始啟動：轉型開始。

行動方案：

　　‧團隊成員一對一個別面談。

　　‧團隊背景資訊搜集。

　　‧團隊回饋，團隊溝通及認同問卷。

　　‧團隊建設研討會：兩天。

　　‧即時互動式的團隊教練。

- 領導階層個別一對一教練。
- 評估，回饋，改善。
- 這個流程約需兩個季度。

成為你團隊的教練

教練型經理人的40天育才計畫

最近有一本暢銷書叫《異數：超凡與平凡的界限在哪裡？》（*Outliers: The Story of Success*），書內提到一個人要能將一個技藝學好學精，要能出人頭地，他要花至少一萬小時或十年的功夫。這和我們老一代老師傅收徒傳藝的道理相似。學習教練能力也相仿，沒有捷徑，我們設計這四十天的課程只是提供一個機會，讓學員有機會接觸「教練」的價值與精髓，並作出轉型的承諾，決定願意付出代價，慢下來學習領導力的轉型。就好似「蠶」開始進入「繭蛹」到破繭而出的「蝴蝶」一樣。這個轉型計畫是在「繭蛹」的階段，要成為美麗的蝴蝶，則要靠自己更多的修煉了，在這四十天後，教練還會配學員走一段路，做個別一對一教練，這個教練總共流程是九十天。

我們相信「一個人在組織內績效的好壞是建立在自己的個人目標與熱情與企業目標與文化使命接軌的程度」，我們這個轉型計畫也是建立在這基礎上。

目的：

企業教練（Coaching）已被認定是一個有效的人才潛能發展模式，也是最佳的團隊領導模式。

如何激發個人的潛能，認知自己的必要，需要及想要的目標，認知現實，瞭解各種不同的選項，做最佳的決策，然後開始啟動。

做一個企業主管，要能夠激勵員工達成高績效目標，必須先聆聽員工的需要及企圖心，當員工個人的目標與企業目標結合時，領導人可以順勢而為，這是最高效的團隊運作模式。

這個計畫會涵蓋「企業教練」與「高管」一般行為及思路的差異性，角色及責任的轉變，如何有更多聆聽，更多的激勵，讓員工更多的參與。這是新的「情境式管理」模式。有講解，有角色演練，在這四十天裡，如果你願意也有決心，我們有信心讓每一個參與的人經歷轉變，未來成為一個好的「教練型領導人」。（圖4.6）

圖4.6 │ 教練的流程 │

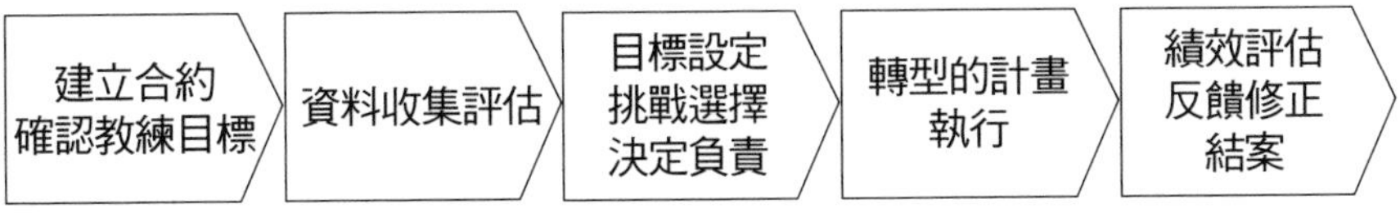

建立合約
確認教練目標
→
資料收集評估
→
目標設定
挑戰選擇
決定負責
→
轉型的計畫
執行
→
績效評估
反饋修正
結案

對象：

企業中高階層經理人或項目負責人。他們的責任是建立活力高效團隊，激發每一個隊員的潛能，達到團隊的高效。他們願意開放自己的心，來參與並討論自己個人或團隊的個案，轉型成為「教練型領導人」。

目的：

先當個學員來體驗「教練」的價值，啟動熱情。

再經由學習轉型成為「教練型領導人」。

形式：

· 50％講解，40％小組演練，10％小組學習分享。（以20人以內為佳）

· 建立個人轉型計畫。（PTP：Personal Transformation Plan）

· 結業時必需要有「15小時」個人教練紀錄。

· 發給本課程的結業證書。

· 時間：40天。

· 隔周，每次兩天12小時，共七周。（第一，三，五，七周）。

· 第四次（第七周）是「一對一」，每人一小時，總結個人PTP及教練記錄體驗。以確定每一個人的轉型。

· 共50小時。（每個人參與約40小時）

前導諮詢：

· 企業文化的審視。

· 企業領導及管理風格。

· 企業最高領導人的參與與支持。

· 360度回饋。

· 適合引進「教練型領導」文化嗎？可能會面對什麼問題？

立項目

· 合約及目標。

· 討論可供選擇的方式，再決定「最佳模式」

· 參與人：最好是主動報名才有效，否則可能會變成培訓會。（這不是培訓上課，這是個人心理上的「轉型承諾」學習流程）

研討會大綱

第一模組／教練體驗營：兩天

教導：

· 教練的價值：什麼是企業教練，什麼不是？教練的角色及責任。

· 成功教練的前兩大能力：要能有「虛己，樹人」的心。

· 教練的流程。

· 放下面具，真誠面對：建立好的關係及互信。（約哈瑞〔Johari〕模型）

· 我現在的人生站在那兒？（赫德遜模型）

· 我的生命曲線圖：再下來該如何選擇？（模型，演練；這是我的第一個選擇：該帶走什麼？該放下什麼，新學什麼？）

· 我有夢想，我如何讓美夢成真？（模型，演練，我的第二個選擇）

· 當主管的盲點。（喚醒，點亮）

· 我的選擇：平衡的生命。（模型，演練，我的第三個選擇）

· 教練行業倫理規範。

第一階段演練：

- 建立教練合約，學會聆聽及回饋。三人一個小組。
- 建立互信，放空自己，慢下來，靜下來，這是學員的時間。
- 深度聆聽的技巧。
- 好奇心。
- 確定你聽清楚，聽得懂，聽到他沒說的心聲。
- 選擇做一個聆聽者？或審判者？

個人「停思決行」時間：

- 我學到什麼？如何用到我的工作崗位上？如何啟動？何時啟動？

家庭作業：

- 建立個人轉型計畫，在下次會議前送交教練。
- 開始建立個人「當教練」檔案：在結訓前，要有15小時（六周）的紀錄。

第二模組／教練能力深化。

教導：

「教練流程」介紹及應用。（模型，工具，應用，流程演練）

- 個人教練。
- 引導型教導。
- 欣賞性諮詢技巧介紹。
- 教練模型及工具介紹：如何設定目標，選擇，啟動。
- 設定目標工具。

第二階段演練：

- 建立學員目標及承諾。三人一小組演練。
- 我有夢，但行不通，困難重重：如何轉換思路？（Refram-

ing）

- 我有目標，是什麼？為什麼？憑什麼？
- 承諾：我願付上多大代價？
- 選擇：有哪些不同的選擇？
- 挑戰：提升層次，你可以做的更好嗎？

個人「停思決行」時間：

- 我學到什麼？如何用到我的工作崗位上？如何啟動？何時啟動？

第三模組／在企業內的應用

教導：

- 企業領導力成長路徑圖。（模型，應用）
- 企業教練能做什麼？（個人，領導力，團隊，外派，績效教練，跨文化教練）
- 領導力的「勢」及「流」。（Flow）
- 建立「當責」領導力。：提高積極性，擁抱差異性，發展持續性。
- 衝突及抗拒：如何化解。（模型，工具，應用）
- 團隊教練。（模型，應用）
- 多元文化教練。
- 如何評估「教練」的有效性。（工具）

第三階段演練：

- 建立策略，行動方案，能持續。「有擔當有熱情」的行動方案。
- 三人一小組。
- 最佳的選擇及行動方案。

・如何引進「教練型領導力」？如何做才可減少抗拒？（分組討論）

・個人「停思決行」時間：

・我學到什麼？如何用到我的工作崗位上？如何啟動？何時啟動？

第四模組／一對一：每人一到兩個 小時。

・PTP及延伸。

・個人教練能力（個人教練記錄及諮詢）。

・其他。

課程結束：發證書及慶祝活動。

陪你走一段路：一對 一教練，直到九十天。

領導人的兩個最佳教練模式：教導型與引導型

企業領導人最重要的使命是讓企業獲利，企業長青及員工滿意，這是不可推諉的責任。他負有達成企業目標的重要使命，那「教練技術」如何幫助他們達成這使命？我們認為最佳的模式是「教導型教練」（Mentorship Coaching）及「引導型教練」（Leading from behind Coaching）的交叉運用。領導人有以下幾個重要工作目的及指標，有些時候要用教導型，有些則可用引導型讓員工多些參與；

清楚的設定目標，願景及計畫。

瞭解自己的現況，資源及能力。

我們有哪些選擇來達成目標？

我們願付上多大的代價呢？

我們的團隊，動機，時機，策略及行動方案。

在今天追求快、追求時效的企業運作環境裡，對領導人有非常高難度的轉變要求。但這也是「好」和「優秀」的領導人的分野。優秀的領導人必需扮演的幾個不同角色，而這些角色與特質，往往也是內部或外部企業教練必備的基本條件：

第一：為父的心，做他們的家長，他們的保護者：用「引導型教練法」帶引「成人型」的員工；用「教導型教練法」來培養「小孩型」的員工。要有愛心，要能為團隊服務犧牲，這是「僕人式」領導的基礎。

第二：為夫為妻的心：要堅貞，要能守承諾，要能靠得住有擔當。

第三：要有為「一個身子」的默契：團隊是一個合作的大家庭，各有所長，各有所短，在領導者的帶引下協力互補互助。

第四：葡萄樹和枝子：領導人要無私的奉獻，不能因為有些重要的資源或訊息必須透過你，而覺得有權力和優勢而自傲或甚至於私藏。

第五：要如園丁：在冬末春初時，要忍痛修剪不能用的枯枝。在年度績效評核的時候不能只做好人，要知道「剪去不能用的枝子對整棵樹的健康」才是好的。

第六：要如牧羊人：要提供方向，要忠心，要有熱情，能照顧保護羊群，面對困難時要有智慧，當團隊受外部責難時要能將責任承擔下來而不把壓力向內傳；有福要同享，有難自己扛；要

是有一個人迷失了，他要能有耐心將他再找回來，這是真誠的領導人。

第七：「虛己，樹人」的心：願幫助員工成功，造就更多的領導人；做個真誠的領導人，關心員工；能贏得尊敬，贏得信賴。

第八：瞭解需要：要關心並瞭解，不只要給，要給他有需要的，有價值的。

第九：願意慢下來，靜下來，以心來傾聽對方的感受及需要，有一顆好奇的心，深度瞭解他說的以及沒說出來的話，並啟動對話。

第十：同理心：不做審判，不給建議，只是和他站在一起，瞭解他，支持他。

第十一：正向積極的態度：欣賞回饋他的所做所為，特別在好的部分，以強化正向體驗，敢給予挑戰，設立高度目標，激勵向上。

第十二：以不同的角度，高度，廣度，深度看問題：這是洞察力的開頭，為他開了另一扇門，邁向新的「可能」，領向「頓悟」。

第十三：有效激勵：不在於給什麼，而是如何給？

教練能為你做什麼？企業教練的十個基本能力

不管是個人教練或是企業教練，他們都必須具備一些能力，以期望能夠釋放學員的潛能。目前教練認證還沒有標準的規範，這些是一些參考的指標：

第一：必須能夠遵守教練行業規範和倫理標準。

就好似醫生和律師，他們也有行業標準，讓學員信得過，這是「深度交談」的基礎，我們會再深入談教練的倫理標準。本書的附錄會提供「教練行業的基本規範」和「ICF 國際教練認證簡介」給大家做參考。

第二：與學員間有明確的協議（合約）：有明確的目標和邊界，才不致淪為一般性的交談。

基本上協議會包含學員基於自己學習的動機下對教練專案的目標期望，合作的流程，費用，時間安排，雙方的角色與責任。

第三：雙方建立在互信互動的合作基礎上。

雙方必須找到一個互相信任的安全時間表與空間，真誠正直的交談及分享，要尊重學員個人的學習方式及個人特質，對學員的新改變提供支援，學員也能同意將敏感話題或陰暗話題攤在陽光下。

第四：雙方同意要能全神貫注，要能積極主動的傾聽。

要能以開放的心胸，靈活互信的心態，全神貫注在學員的談話裡；有反應，好奇心，同理心，不清楚的的方提問，要有幽默感；要能以不同觀點看問題，提升高度展現新的可能性，要與學員間有情感上的互動。

要能聽出學員說話的真含義及想說但沒說出口的話；幫助學員精確表達他要說的訊息，幫助他理順他的思路；要依學員的進度，不是教練的進度，不能急；清楚分辨學員言語，音調及身體語言間的聯繫，予以適當解讀。鼓勵接受並強化學員要表達的感覺，看法，觀點及建議；能有效整合學員的思路，幫助他理順「他想談什麼？關心什麼？要達成什麼？」；不做任何論斷，讓學員釐清他目前的狀況，這是一個互動的流程。

第五：要能問衝擊性強的問題，幫助學員「頓悟」。

問關鍵性的問題，具洞察力，能喚醒學員的潛意識，點亮黑暗記憶，找到捆綁他的「潛規則」，找到他的「啊哈」點，讓他能頓悟。

深入談話主題內心感覺層次，找到他（她）的需要，並作出選擇與承諾。

第六：要能直接了當的正向溝通，激勵，挑戰。

問開放性的問題，增加清晰度，可能性及新的學習；幫助學員看到前面的機會及可能性，而非往後看。基於互信基礎，提供正向分享與回饋；用「轉化」（Reframing）的技巧提供學員不同的思路，能換位思考；用精確的語言來溝通，表達情緒，尊重學員的感覺。不用太過技術化的用語，或有性別年齡種族暗示的用語；善用比喻案例來使觀點更明確的被瞭解。

第七：要能幫助學員提高自我認知，創造新的可能性。

除了學員的自我說明，教練要再做深度的，精確的整合評估，依多管道的訊息來瞭解學員的說法，並解讀資訊上的差距（思想，情感及行動上的差距）；幫助學員瞭解他個人思想，信仰，價值，觀點，情感，情緒及潛意識……等，並找到新的可能性和亮點；確認學員的強項，弱點及成長點；瞭解學員的本質與行為上的差異。

第八：激勵學員自我挑戰自我選擇，設定目標及行動方案。

這是一個學習成長的旅程，利用交談幫助學員找出所有與目標相關的機會，方法及選擇；幫助他提升高度廣度及深度，給予挑戰，鼓勵他做選擇，設定目標，並定計畫。清楚的認知要達成目標需要付出的代價，勇於做嘗試，再做修正；對學員的假設，認知及潛意識提出挑戰：是什麼？為什麼？憑什麼？在學員邁出

第一步時，給予鼓勵，支持，並慶祝以強化他的學習動機。

第九：學員能學會自我管理，以負責任有擔當的心態面對自己。

定期關心學員對其計畫的實行狀況並提供即時協助，激勵學員自我管理能力；提供360度回饋資訊以強化他的學習效果。

第十：追蹤，反思，學習，修正（RAA時間），幫助學員再出發。

幫助學員建立自己的反思機制，一個人的成長不在「經歷過」，而在「反思提煉再修正」的學習成長過程，但這些必須建立在一個安全互信的環境下。

以上這些主題，我們在第三部分會提供更完整的模型和工具來幫助大家達成各種需求。

如何有效發揮教練的能量？

請記住：這是有關你學員的大事，以下這些事必須由他自己做主：

・學員（Coachee）要自己覺得需要幫助，並有明確的目的和強烈的動機及「必做不可」的決心和承諾。

・學員和教練要能互相尊重信任，友善及尊重學員隱私，共同走過這段「改變及提升」的旅程。

・學員要知道企業教練能做什麼？不能做什麼？教練不在為學員一解決問題」，而在幫助學員建立「解決問題的能力」；不在「賣魚」，而在教導學員「釣魚的能力」。

・不能由老闆，上級或他人交辦，必須靠學員自己來啟動；

要有強烈動機，自知的能力，決心改變，願意開放自己的想法及感覺，並積極尋求外來幫助；否則不會成功。

· 學員自己來面試教練，不只能力經驗能符合學員現階段的需要，也要是個能被你尊敬或欣賞的人，在個人的溝通風格也能與學員能相契合，這是學員的選擇。

· 費用預算。

教練的信心

教練都必須懷抱這樣的理念：

· 每一個人都有特色，每一個人都是唯一的，有創意的，可以成為更優秀的人；每一個人對他自己的決定會全力以赴並會承擔責任。

學員的角色及責任

· 啟動整個項目，包含需求，資金及面試「合適」的教練。

· 將這專案當做首要的事來辦：將「時間」空出來，將「心思」也空出來，作為第一優先，不要因為忙而影響學習進度。

· 建立「身邊互動最多」及「合作最親密」的人的支持，包含家人，同事及老闆。

· 在每次會談前24小時提供下次談論的主題及個人目前的處境及想法，讓教練有時間準備。

· RAA：會後在24小時內由學員寫會議紀錄，內容涵蓋「回想和教練的談話對你的感受？什麼部分對你有用？；你想怎麼用？怎麼來改變自己？；基於這想法，你如何啟動自己？什麼時候開始第一步？，再下來呢？」；這是一個很重要的學習動作，必不可少。

教練要做什麼？角色及責任

・教練會運用各種不同的專業教導技能來發覺或啟發學員心中未用或隱藏的潛能。

・建立一個安全的空間，讓學員可以開放自己的想法及感覺，而不會受到批評或傷害。

・建立學員「自我認知，自我決定，自我啟動及行動和自我反思」的能力。

・幫助學員建立內在「信得過，靠得住，有擔當」的能力，對自己的轉變要能持守.

・運用「互動交談，傾心傾聽，分享經驗，提升看法，給予挑戰」來提升學員能力。

・「喚醒自知，點亮盲點，開啟天窗，自我決定，點燃熱情，啟動轉型」，來開啟學員生命新樂章。（圖4.7）

・幫助學員「提升新高度，發現新看法，找到新可能，尋找新機會」及「確認最合適的行動方案」。

圖4.7｜啊哈時刻：喚醒、點亮 Wake-up, Light-up｜

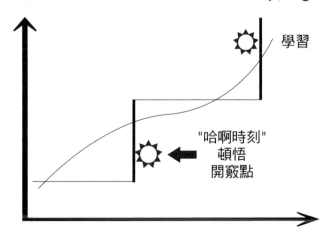

保密協定

　　無論是內部教練或是外部教練，所有與學員的交談都是保密，除非學員會對企業或相關人等有不利的傷害行為。提供一個安全的空間給學員，是教練在合約中必須承諾的事。以下是教練與企業內部關係人員的互動模式。（圖4.8，圖4.9）

如何評估教練專案的效果？

　　在我們專訪的企業裡，他們絕大多數對這題目的回饋是「這是個人或團隊質的轉變，不必刻意一定要量化來說服自己」。

　　這是我們提出的一些建議：

質的評估機制：領導力及團隊合作。

　　．在教練啟動時，做個360度評估，特別針對要專注的幾個主題及員工滿意度，在團隊成員、協力夥伴與直接主管間做調查研究，要受訪的人由一至五分評分，一是很差，三是還行，五是很好。

　　．在教練專案結束後一到兩個季度，再回去做同樣的調查研究評估，看看有沒有進步：這要分成兩個部分：一個用問卷，一個用電話或面對面深入訪問，以確定資訊的真實性。

　　．學員也要在開始及結束時對自己做個評估。

　　．質的評估專注的主題多為「領導力」及「團隊合作」。

量的評估機制：企業或部門績效

　　如果必須要有量的評估，以下是目前較被接受的方式。

　　．先評估教練對企業或部門績效帶來的價值：比如因人員流

圖4.8│外部教練的保密機制│

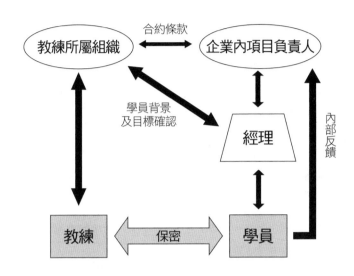

圖4.9│內部教練的保密機制│

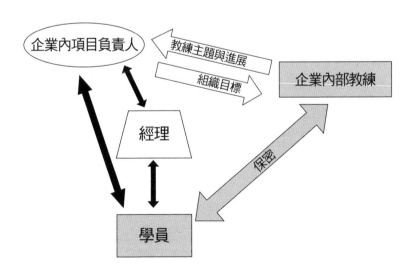

動率的減少，可以節省成本250,000元（人力資源專業有一套演算法）；員工的滿意度提高，工作效率的提升收益100,000元，合計350,000元。

· 教練項目可能對這些價值創造的貢獻率：比如說50％。
· 信心指數：你對以上兩組估計數字的信心：70％。
· 教練項目的創造價值：350,000元×50％×70％＝122,500元。
· 教練成本：20,000元
· 淨效益：122,500－20,000 ＝ 120,500
· 教練專案投資報酬率：120,500 / 20,000 ＝ 602.5％

對教練效益的評估要品、質並重，要在「教練項目」結束後一到兩個季度再做，效果才明顯，除非這個項目已實施兩個季度以上。更重要的是「教練項目的成效決定於學員自己的決心與實踐」。

圖4.10｜教練效果的評估｜

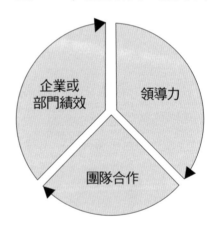

這一章就「領導力的轉型」，由「教訓教導到教練」到「如何成為優秀的領導人？」我們就「領導力發展計畫」及企業內「教練型領導人養成計畫」做了深度說明。

下一部，我們將進入更重要的部分：一個好教練會用什麼方法將他的學員帶向自我突破，他又有什麼神奇的工具？

RAA 時間

反思Reflection 更新Renewal 應用Application 行動Action

1. 你要成為「教練型」主管嗎？你決定怎麼做？
2. 如果你是企業高階主管，
   你想如何引進「教練型」企業文化？
3. 如果你是企業高階主管，
   你要如何培育更多的「教練型」主管？

第 **3** 部

陪他走好這一段路：
教練型主管的必備能力

人照鏡子仍然看不到自己，除非有光；教練就是那一道光！

企業教練其實不全是外來的管理文化，這也是華人老祖宗談的
「人本文化」，比如我們談：

一：一體，「合則立」的道理，教練必須與學員有合作夥伴關
係：教練文化強調團隊合作及雙贏，這是「一」的合一精神。
二：二為分立，每個個體都不同，教練要認知學員的特質；教練
文化也強調尊重差異，運用差異成為團隊的優勢。
三：三維立體，要能換個角度及高度看問題，這是教練的強項。
四：四個方向（東南西北）永遠有不同選項，而不是很多人說的
「我沒有選擇」，如果真是這樣，別忘了你還有最後一個選擇：
「找個合適的教練談談」。
五：五行（金木水火土），每個成員都可以互補，互相欣賞，互
相支持，這是團隊教練的基礎。

西方人只是把這些理論加上心理學及社會學的元素，將它科學化了，讓它可學習可複製。只要我們再將我們「以人為本」的根基再活化，那學習教練型的「新領導力」就不難了。

教練教導和一般的溝通型談話最大的不同是在「動機」和「企圖心」上；基於教練合約，教練和學員間有明確的使命認知及心理疆界；如何針對主題幫助學員釋放潛能，啟動熱情，提升高度，點亮黑暗，擴展可能性，找到學員自己的「啊哈」頓悟點，並以正向積極的態度，鼓勵學員定目標做抉擇，並以負責任的態度開始行動。教練要給學員支持，陪同他（她）走一段轉型的路程。

在這個部分，我要針對教練較常用的模型和工具做個介紹，這是教練必備的能力，而且重點不是「知道」，而是知道後「如何應用」在自己，團隊和你的學員身上？

這部的模型和工具有些是個人獨見，有些是在學校學到的，有些是向同道學習的；如果是向他人學習的，我會儘量標明出處，如有遺漏或雷同，謹向原創者表示歉意；我也歡迎大家儘量利用我所開發出來的這些模型工具，這不是什麼商業機密，更不是要誇耀或要賣錢，寫出來的目的是造就有需要的人。

靜下來才能專注──
教練模型介紹（1）

有個人問一個非常有經驗的船長：「你怎麼繞過海岸的珊瑚礁？」船長說：「我知道哪兒有珊瑚礁，我不需要去瞭解它，我也是用最簡單的方法，就是避開它。我的選擇是將船開到水深之處。」

我們的生命也是如此，不要選擇和小困難搏鬥，要有智慧的遠離它，要時時面向目標，你才會有精力做更重要的事。

做一個好的教練，第一個要教練的對象是你自己，然後才能去教導別人。

懷錶的故事

有個富翁到鄉下收租，他在佃農的穀倉東看看西看看，在日落時他發覺他帶來的懷錶丟了，這富翁心急如焚，大家也不知如何是好，動員全村的人到處找，到處翻遍了還是沒著落。日落了，大家一個一個回家去了，但有個年輕人說他有把握可以找回來懷錶，但是要等到明天，但他先說明他不是小偷。你認為他是怎麼找到的？

原來他是在夜深人靜時，靜靜坐下來，靜下心來傾聽懷錶「滴答滴答」的聲音，最後在一個穀倉的旁邊找到了。

我們人也是一樣，我們有太多重要的事，太多的干擾，太多的欲望，憂慮，情緒，然我們靜不下來，我們就聽不到我們心中懷錶的滴答聲。

好教練要學會的四個基本步法

第一步是「靜下心來」：做個深呼吸，告訴自己要靜下來。

不只要身體靜下來，心神也要靜下來，我在每次與學員的對談，前幾分鐘一定是做「靜下來」的動作，做個深呼吸，能聽到自己的呼吸時才算數。

曾經有一個國王帶引他的國家進入太平盛世，他個人也擁有了世上的許多財物，但是他每天還是急急忙忙，享受不了一刻的悠閒，一來朝政忙，二來野心大，要再擴張版圖。有一天，他出

重賞要臣子們給他一幅他從來沒有想像過的「寧靜悠閒」生活到底是什麼回事？一個藝術家描繪了湖邊野鴨的悠閒，另一個畫孩兒弄潮，另一個畫「風雨中在大樹下的一個鳥巢，大鳥和它的小鳥們在葉子下的寧靜悠閒」，最後國王將獎賞給了第三位。這是他的心境，也是他可以找到的可能。

這也是我們今日的心境，有太多的大風大浪在我們身邊，太多「急事」在我們手上，如何能靜下來，能保有「風雨中的寧靜悠閒」是我們成為好教練的第一步。

每天早晨我們要學會做至少三個長長的深呼吸，閉起眼睛，告訴自己要靜下來，也告訴自己今天我優先要做的幾件大事，要能靜下來！

第二步是慢下來或暫停下來：

我們的社會很欣賞反應快速的經理人，但是我們要告訴讀者們，不只要動，更要能學會如何「靜下來」，你看過老虎在捕捉獵物嗎？它會停下來看清楚目標才追殺；你聽過「澎湃洶湧」的樂章嗎？它有許多休止符；電腦裡有個術語叫做「垃圾進，垃圾出」，我們有太多人也有這個消費習慣，我們叫做「衝動性採購」，為什麼很多商品的標價是99，或是199元？它要讓你覺得便宜，而做衝動性的決策，或叫「失去理智」的決策，事後很多人是會後悔的。

在我們的習慣裡頭，要加進一個習慣叫做「慢下來」；我在前幾章曾提過我們曾被學校或企業洗過腦，認為「快比慢好」，「快魚吃慢魚，大魚吃小魚」。但這是不是真的？它有真的部分，也有不真的部分。

經過幾十年的體驗，我的個人結論是：做大決策時要慢下

來：問自己要什麼？待收集足
夠的資訊，找到所有可能的
選項，然後做決策，告訴自己
「這是我的選擇，我負責」。然
後在「實踐」時要快，出手要
像「快槍俠」，像「武士」的
刀出鞘。過去我們常會為錯誤
的決策而懊惱，常在原地打
轉，這是在「快」與「慢」間
的拿捏。

　　我們人生裡可能錯過了許多的「停」（STOP）的標誌和停
的機會，這次，再給自己一個機會，告訴自己「我要定期的有暫
停的時間」，想好了，再出發。每天給自己一段停下來思考的時
間，每週給自己一段靜思的時段，每月每年給自己一段策劃的時
間，看到STOP時要能確實停下來！

　　STOP的意思是：

　　Step-back：退後一步看事情

　　Think：思考

　　Organize the thoughts and make decision：想透了，再做決定

　　Proceed：向前行，不後悔。

第三步是要能「倒空自己」：

　　我們心裡隨時會有許多的事困擾著，比如等一下有個會要
開，我還沒預備好；要打個重要電話給大客戶的老總說貨今天出
不了，明早一定出……等，但是現在這個時候，「我決定將這些

事暫時拋開，我決定要專心在這兒與教練交談學習，這是我現在要做的唯一的一件事。」這要說出來，大聲告訴自己也告訴教練，作為承諾；這在心理上是一個很重要的預備動作。

第四步是要專注，要全神貫注：這是為什麼我們需要「教練合約」，因它能幫助我們專注。

有個人帶領他三個兒子去練習打獵，到了郊野，他問第一個兒子：「你看到什麼？」，「我看到了漂亮的原野，樹林，動物」，父親說「不對」；繼續問二兒子：「你看到什麼？」，二兒子說「許多的動物」，父親說「不對」；繼續問三兒子：「你又看到什麼？」，三兒子說「一隻在奔跑的鹿」，父親說「對了」。

在與學員對談的時候，你看到什麼？

最近在美國有一本教人騎馬的書，它引人注目不在於作者已經93歲，而在她用的「心神專注騎馬法」（Centered Rider）可以延伸到企業領導學來，這位作者說，要能騎好馬，有幾個訣竅：第一是要心神專注，告訴自己我要騎馬了，我決定這次要騎好馬。第二是：靜下來，不要煩躁，要能夠聽到自己的心跳聲才上馬。第三：專注在馬上，要與馬合一，並且在想像中自己能看到自己騎馬的英姿。

在美國有一位成功的企業教練，提摩太・賈偉（Timothy Gallwey）先生，他原是位「運動員」教練，不是在運動場上又吼又叫的那種教練，而是如何讓運動員靜下來，能面對自我認知，自我選擇，自我啟動，達到巔峰的那種教練。他有幾本經典著作，如《打好網球的內心的思路》（*The inner game of Tennis*），《打好高爾夫球的內心思路》（*The inner game of Golf*），《做好工

作時的內心思路》（*The inner game of work*），我讀過他的書，也學習到了許多寶貴經驗。

這四個能力是作為「教練」及「學員」要做的預備動作，你預備好了沒？你願將你的急事憂慮和操煩暫時丟到底下的垃圾箱裡嗎？

請學會「靜下來，慢下來，倒空自己，要能專注」，這是你和教練的時間。

PCA潛能啟動模型

「PCA潛能啟動模型」（Potential Capacity Activation）是我個人多年提煉下來的教練模型。它的設計能簡化溝通，事實上它涵蓋了三個基本教練工具的模組：「PCA」，「A.C.E.R」和「GROWS2.0」；我會利用這章節將它的內涵和應用說清楚講明白。（圖5.1）

我願意成為一個教練型主管，我要從哪兒著手？

當「不確定性」已經成為企業經營必要考量的因素時，降低成本不再是最好的競爭策略，而是要如何提高員工的積極性，敬業度，提高員工的效率，要重估員工的價值。最經濟有效的方法就是「釋放員工個人及團隊的潛能」，要用新的「領導統御法」，要鼓勵「團隊合作」，這是一個嶄新的「教練型」領導力。

而建立一個安全的環境，讓人們發現並啟動自己的潛能，做「全人心靈底層的搜索」（Soul Searching），也幫助他人發現並啟動他們自己的潛能，這是現今領導人最急需建立的「新領導

力」。這個模型就是要幫助每個人找到他（她）的潛能，找到他（她）的熱情點，更要找到舞臺，讓它能夠實踐得出來。這是PCA 教練模型的基本精神。

圖5.1｜PCA教練模式：潛能啟動系統的內涵｜

Aware
Choose
Explore
Reflect
自我認知
自我選擇
自我啟動
自我更新

A.C.E.R

GROWS 2.0

Goal-Reality-Options-Will-Support
目標-現狀-選擇-意志力-支持

PCA
教練模式

Potential
Capability
Activation
（8P, 8C, 8A, 8Q模式）
全人潛能啟動

「我是誰」的全人搜索，先由自己內在心靈的探尋著手，再做外部的資訊回饋

在第一章曾提到教練的幾個角色，其中一個是「幫助學員自我認知」，這是一個心靈底層的「自我」探尋旅程，它包含了幾個層面：

· 我是誰？瞭解自己的才能潛能和企圖心。
· 我要什麼？（目標，理想）：是什麼？為什麼？憑什麼？

- 我的熱情夠高嗎？願意付上代價嗎？
- 我該做什麼？何時開始啟動？

　　既然好教練的重要一步就是得幫學員認識自我，我們可經由以下幾種角度，對自己多一層瞭解。

8P，生命的規律

　　生命不可能凡事順利。人的成長不在乎你走了多少路，而在於你走過路以後，有沒有回饋，再做前瞻思考，告訴自己「我學到了什麼？」

　　8P也好似一位人生的領航員，在離開碼頭時，他會有好的預備，他的腦海裡也已看清整個旅程，他能在心裡看見終點目的地，明白可能會面對的困難，需要付上多大代價才能抵達，早在障礙浮現於地平線前，他已察覺；他也知道需要多少動能（熱情），需要他人的協助才能成功。

Purpose（使命感和目標）

　　這是必須的第一步，很多人找我做生涯規劃教練，我的第一個問題就是這個主題。沒有方向的人是找不到他（她）自己的生命熱情，意義及動力來源。

　　也許有人會說我確實是現在不清楚，我的建議是「最好有大方向」，如果沒有，至少要有短期目標。我們常說「摸石頭過河」，但不要忘了，他（她）是有方向及目標的。對有目標的人，我的建議是「定期審查」你的目標是否還是真實，它會隨著時間環境機會以及我們的成長而變化。比如說我們在年紀小的時

候，常會說我的理想是做「太空飛行員」，等你30歲了，你要看看這目標是否還是真？還有像做科學家的人，對目標就要更敏感些，因為有些科技已被淘汰了，如早年的「膠捲式相機技術」已一去不再演進。目標要隨時更新。我的建議是至少每一年反思一次，再用本章之後會談的GROWS 2.0模式，再審視一次。

對這種使命或生命目標，我也喜歡用較情緒性的用語「召喚」（Calling）來形容，召喚就像幫你找到那份「心靈感動」的聲音。有些事我們在心底覺得必須做、必要做（但是絕大部分的人都沒有做）。這不是文字上的「目標計畫」，它是我們心靈裡的感動。當我們年輕時，一般人的目標是成功富足，但是年紀漸長，超過六、七十歲的人，他們的目標就變成了「平安喜樂，生命意義」了。每一個人心裡要有個羅盤，我們要將它再次啟動，定期更新。

Passion（熱情）

要有熱情才會成大事，這是成功的要件。如果你有明確的使命感和目標，但不會很興奮，不會有馬上衝出門去告訴你好朋友的那「激動的感覺」，對你那就不是對的目標。熱情是「忘時，忘我，忘回報」的激動，熱情是你日以繼夜專心想做好的事，要找到那份感覺。有熱情才會有堅持，那不是三分鐘熱度的衝動。

Priority（重要，優先次序）

這不是誰先誰後的問題，它的底層是每一個人的「價值觀」，我們會在下一章針對「價值觀」做探討。這也是個人時間管理，能量管理，資源管理的根基。有優先次序的人，很清楚的告訴自己哪個重要，哪個不重要，這才能對次要的事和人

說「不」。這個經驗好似吃自助餐一樣，好多好多的選擇，我們能取用的量還是有限，如何做最合適的選擇？我們的生命也是如此：讀書，考試，就業，結婚，生子，買房，買車到後來的賺錢，名利，家庭……等。一個人一生的成就是他（她）的選擇和專注的成果。

Plan（計畫）

很多人都有做計畫的習慣，這很好。但在做計畫以前，我們要再次確認我們的「目的」，為了達成這目的，我們有哪些可能的選擇（計畫）？這是教練要提醒學員的，很多人會說「我沒有選擇」或「我只有一個選擇」，但教練要挑戰的是跳開細節的思維，提升到另一個高度，再給自己「多幾個可能的選擇」。在做選擇前，也要先靜下來，問問自己：「我的選擇要件是什麼？」，然後做一個最佳計畫的選擇，最後再問自己「我可以有再更好的選擇嗎？」，才做最後的定案。

Problem（困難）

我們每個人在生命裡都會面對各種不同的困難或失敗，在圖5.2，我叫它「死亡幽谷」，在企業做專案也是一樣，真正的困難往往是將我們計畫裡「虛浮不現實」成分拿掉的機制，困難其實是一個成長的激勵，但是好多人卻被它擊倒，抱怨或失掉信心。這是成長的機會，也是考驗信心的時候。在企業，這更是考驗自己和合作夥伴關係的時候。

有個人曾問一個非常有經驗的船長：你怎麼繞過海岸的珊瑚礁？船長說：「我知道哪兒有珊瑚礁，我不需要去瞭解它，我也是用最簡單的方法，就是『避開它』，我的選擇是將船開到水深

之處」。我們的生命也是如此，不要選擇和小困難搏鬥，要有智慧的遠離它，要時時面向目標，你才會有精力做更重要的事。

相對的，如果必須面對困難，它也會給我們再生的力量。有一個漁夫每次捕鰻魚回來漁獲都是活蹦亂跳，其他的人的魚獲到岸時都死了，相對的賣不到好價錢，他們就問這漁夫有什麼妙招，他說：我只放了幾條鯰魚在鰻魚缸裡，因鯰魚會吃鰻魚，鰻魚會一路上活蹦亂跳的逃避鯰魚來保護生命；但是如果不這樣做，這些鰻魚自覺它們是死路一條，失掉了鬥志，還沒到港就都死了。這個故事是否和你我的境況有些相似？

困難有些是來自外在的磨練，它會使我們更堅強。但是更多的困難來自我們自己的內心，我們常常給自己無形的鎖鏈捆綁

圖5.2 │生命的規律│

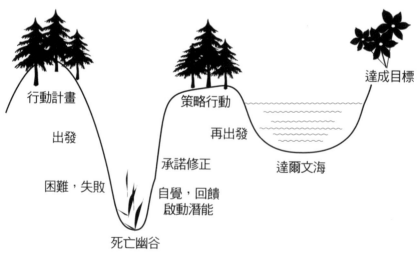

行動計畫

出發

困難，失敗

死亡幽谷

承諾修正

自覺，回饋
啟動潛能

策略行動

再出發

達爾文海

達成目標

住，「不可能，不必要，不願意，不願聽，自私，自我，自誇，貪欲，嫉妒……」，我們不願意走出舒適區，心中也充滿了許多的盲點，衝不出去。

有一次在我家屋內飛進來一隻美麗的小鳥，它一直要往有陽光的窗外飛，但是它飛不出去，玻璃窗戶擋著它看不到，縱使再努力，牠還是飛不出去。我們人也是一樣，我們有目標、有勇氣，也不斷的努力嘗試，但是我們卻看不到擋在眼前的玻璃，因此還是飛不出去，除非我們將我們心中的盲點拿掉。

Provision（資源）

當面對困難的時候，就是考驗我們準備得好與不好的時候了；我們的員工向心力強嗎？能力夠嗎？成功的動機呢？我們合作夥伴呢？當我們在預備一個專案的時候，確定我們找到的是最好的資源夥伴，不要在邁向攻頂出發時，才發覺你還沒預備好或你主要資源夥伴沒來。曾有個球隊的教練說的好，「一場球賽80％的成敗決定在事先的準備上。」

Prosperity（成功）

經歷過一次兩次的失敗後，（以後幾次受的傷可能較輕、較容易克服，管理界叫它「達爾文海」），最後我們會享受成功的果實，進行慶祝，激勵自己和幫助你的人。學會分享成果與團隊及曾幫助過你的人，分享榮譽，資源和利益，為你下一個成功做墊基。

Promotion（再提升）

有能力的「高效領導人」是不會孤單的，機會不斷的在尋找

這樣的英雄，他（她）會很快找到另一個更高更有挑戰的舞臺，再度的帶引團隊，邁向另一高峰。

以前義大利的一個偉大領導者加里波的在一次的講演中，鼓勵年輕人為爭取國家的獨立自由而奮勇參戰。一個年輕人問他說：先生，如果我去打戰，會有什麼獎賞呢？加里波的斬釘截鐵的回答說：「有受傷，疤痕，頭破血流，甚至死亡，但由於你的傷痕，國家便得以解放自由」。

這是一個選擇，不可迴避的是都會經過「死亡幽谷」，會經過「達爾文海」，才能達成你或你們的目標，那應許之地，你願意走這條路嗎？而那些傷痕叫我們時時記住我們所經歷過的一切，下次會做得更好。這也是加里波的的建國解放之路，也是我們每一個人的生命之旅，也是企業內每一個新商品或服務導入市場必經之路。

讓我們靜下來，想想我們的生命是否有這樣的經歷？如果再來一次，你會做什麼選擇呢？

8C，人格特質

基於個人的認知和選擇，以下這些8C能力，都是可以學習和成長的。

Courage（勇氣）

有勇氣踏出去，做個有價值的人；當一般人在會議都沉默不語時，你敢站起來表達你的意見；有一個年輕人在一家企業上班，工作很不開心，我問他為什麼？他說他好悶，他願意做更多

的事，可是沒機會。我問他有沒有和領導階層交流過，他說沒有、也不敢，我給他挑戰說「你願試試嗎」，結果領導者邀他最近一起出差拜訪客戶，他笑了。這是勇氣。

Competence（能力）

能力有知識，硬實力，軟實力，但這太抽象了，太廣泛了。我要說的是「針對達成你要的目標，你具備哪些關鍵能力？」，這是一個覺醒的過程：你要達成什麼目標？它需要什麼能力？你的差距有多少？如何補足這缺口？

Concentration（專注）

人生就是一連串「選擇專注」的結果。對那些不專注的人，很多時間在原地打轉，猶豫徬徨而浪費許多時間。我們每時每刻都在做選擇，小到吃飯穿衣睡覺，大到人生規劃。

一個人的最終成就在於「潛能」減去「干擾」，干擾就是對你「不重要」的事。一個在越高位的人，越有權力的人，他（她）會受到的試探誘惑與干擾會越大，會有很多的選擇機會，致命的吸引力也會越多，如何拒絕這些而堅持走自己的路，如何學會「捨得」的功夫，這是考驗領導人的重要關口。我們生活在一個複雜的環境，如何管理外在的複雜，活出簡單的生活，這是成功生命的關鍵。

Communication（有效的溝通）

溝通不是講話，有效的溝通含有三個元素：

第一：雙方都有意願對對方表達自己的觀點，是真誠的。

第二：要有能力做有條理而精確的表達，這對我們是個挑

戰，我們有時對自己的感覺，特別是痛苦傷痛的感覺講不明白。由心理學的臨床經驗，當心理病患能將心裡的苦說出來，就已被醫治了一半（還要有個好的傾聽者及諮詢者）。

第三：要有個聆聽的耳；要能聽到他（她）心裡的話，最後是要能互動，要回饋，要有同理心。

Cooperation（協同合作）

協同合作是個人或領導人成功的重要基石，協同的基礎在要能分享信譽（Credit）、權力及利潤（Profit），請想想你願意在這樣的基礎上與他人分享嗎？

Commitment（承諾）

承諾是「你做事，我放心」的互信，也是領導人「言行合一」的典範；當你錯過了一個目標，不要忘記要向協力夥伴們說「抱歉」，這是一個柔軟謙卑的態度。

Confidence（信心）

信心是一個陽光心態，「憑著信，凡事都能」，在出發之前，我們要能夠在意識上看到「成功之後的影像」，不斷的鞭策自己說「這是可能的」，然後努力的去實現它。

Congruence（一致性）

一個人，特別是領導人的美譽，建立在不斷重複在日常行為或決策裡，但你心中有個「價值觀」在引導時，你就學會了「堅持」，這將成為你我的人格特質。不只要能說到做到，而且要重複的做到。

看了以上八種能力，不妨靜下來想想自己的人格特質，你是否在哪個主題上可以做得更好些？

8A，動機和態度

以下這八件事，是我們對外在世界的認知與選擇。

Appreciation（正向的態度來感激欣賞）

這是最近在心理學領域發展最快，被使用最多思路的「正向心理學」，凡事往正面看，以感恩欣賞的態度來面對他人或團隊。有些人心思較負面，凡事先看到陰暗面，就不敢往前行。

我舉個例子；美國每個零售公司都有「30天內保證退貨」的條款。有些人就懷疑這怎麼可能？特別是在過年或耶誕節前後，很多人會買了用了後，過了節再退貨。這的確是可能的。

我曾問一個公司的老闆他們怎麼辦？他的回答很簡單：因為有這個條款，我們過節的營業收入加增百分之二十，退回比例會高一些，但也不過加增百分之一，這是一筆好生意，我們相信大部分的人都是誠實的。你的選擇呢？要將顧客當成「有可能會偷東西的人」，所以出入都要檢查；還是尊重並信任他們？

Availability（準備好了）

當機會來時，你準備好了嗎？如果沒有明確的方向和目標，機會就不會是你的。我們常說「時勢造英雄，英雄造時勢」，這都是對那些有準備的人說的。

當企業內部有個空缺，我們會常聽到說「老王最合適」的話，這不是你說了算，而是在別人眼裡，你準備好了沒？

在美國有位曾贏得棒球「金手套」獎的歐曼先生在一堂給年輕人的教練課時說：「百分之八十的比賽成敗決定於事先的準備」。

要能夠「知道我要什麼？追求什麼？全神貫注，保持彈性，當機會來臨時能快速決定，採取行動，堅持不懈」，對於準備好的人，這世界是公平的。

Alertness（警戒的心）

有目標的人，心思和目光都在於和目標相關的事上，好似獅子注視著它的獵物，目不轉睛。

Agility（靈活的態度）

要能靈活，這世界是不斷的在變的，去年的熱銷品可能今年就不再熱銷了。舉一個案例來說，前些年看電視是一種好娛樂，電視機是家家戶戶必需品，甚至於每家有幾台電視機；但根據最近的市場調查研究，我們發覺「電視不再是家庭必需品」了，特別是對年輕人的新家庭，網路才是他們的新聞及視訊主要來源。這是個快速變化的時代。

Adaption & Adoption（願意快速適應及學習新事物的心態）

要能應變、能學習新的知識與技能，才能跟得上變化。比如早些日子的 Web 2.0 到社群網站，到無線網站……等，1980 年後出生的一代，百分之五十以上的人都非常依賴手機接收資訊，相較於五十歲以上的人，只有百分之二十的手機使用率；領導者得學習並瞭解人們新的生活形態，才能開拓新商機。

Alignment（調整自己）

要馬上能調整自己的心態、要停下來，用我們接下來即將要談的A.C.E.R 及 GROWS2.0模型做轉型；在組織裡也是一樣，要能及時調整組織結構，面對新的機會與挑戰；不能以舊瓶來裝新酒，這皮囊會破裂的。我們曾在第三章提到思科公司因應市場快速調整組織（圖3.9），它是個典範。

Activation（重新再啟動）

好的決定卻沒有實踐，也只是個好的「企圖心」或是「好意向」，沒什麼價值，必須走出去，做出來。

有一個叫我印象深刻的「馬的故事」。這是一個寓言，唐朝玄奘要去取經，他需要一匹耐磨耐操的好馬，最後他在一家磨坊裡找到了。幾年後，他們由西域回來，這匹馬還是回來這家磨坊，其他的馬都好羨慕它的成就，這匹馬說：「弟兄們，其實我們都是走了同樣的路程，只是我走出去了，而你們卻在原地打轉」。

是的，我們有太多的好「意向」，可是沒走出去，走不過那「恐懼和懶散」的河，仍在原地打轉。

Accountability（有擔當，願為自己的決定負責）

美國前銀行家洛克菲勒二世曾說：「我深信每一個權利都包含一個責任；每一個機會，都包含一個義務；每樣的獲得，都包含一個職責」。太多人都只準備好爭取自己的權利，卻不想擔負那相對的責任。前扶輪社社長梅西在他的著作《一條寬廣的路》中說：「發掘一個肯負責的人或者知道一個人接受了一個任務後，會很有效的認真的執行，這實在是無比寶貴的事」。

請靜下來再思考這8A，將自己的心和態度擺在自己最合適的位置上；面向目標，調整心態，預備啟動。 要能達成這些目標，我們必需具備幾個能力；

傾聽的能力：少講多聽。

要有敏銳的直覺。

要能分辨。

要願與人合作分享。

積極正向的態度，你才看得到機會和陽光。

要靈活。

學習，不斷的學習。

以上這八件事，你準備好了嗎？

8Q：全人的能力商數

再來是八件關於我們自己的品質。我們不需要樣樣全能，只要有一點突出就行了。

MQ（Morality Quotient）道德商數

人的道德和人格是一切能力的基礎；一個中年創業老闆告訴我，他用人第一要件是看人品，其次才看人才。

PQ（Physical Quotient）肉體商數

它塑造了我們的基本自衛系統，保護我們能更健康的活著，包含生活習慣，飲食習慣，健康習慣；因為是自衛，所以有更多的占有欲，自私心，以自我為中心，這是「我我我」的源頭。但

圖5.3 8Q全人能力商數

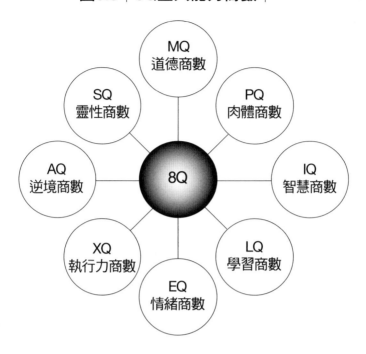

我們也離不開它，它是我們有形的「本」，我們必須與它好好相處，才不至於出錯。

IQ（Intelligence Quotient）智慧商數

這是聰明智慧的能力，包括了：「思考能力，學習能力，工作能力，分析能力，創新能力及解決問題能力」，這是每一個人都有的基礎，只是層次不同，但因有PQ的元素，我們很不自覺的會和人比較，太貪婪，以取得安全感，認同感，優越感。我第一，你第二；我行，你不行；我成功，你失敗，我有，你沒有。我們社會有太多的「聰明人」，這是兩刃的劍，用得好是福，用

不好則是災難；答案在於「8Q」平衡的價值觀，這是社會價值觀的基礎。

LQ（Learning Quotient）學習商數

這是「學習力」，啟動於好奇心，成就於認知，決定與實踐。要瞭解更多的事實，更深入的認知分辨，來幫助我們決定去轉型或改變那些我們能改變的；也幫助我們更能夠適應環境，接受那我們不能改變的。

EQ（Emotional Quotient）情感商數

看到自己，也關心他（她）人，這是自我認知的關鍵；EQ具有自我認知，自我規範，自我激勵，同理心，與他人互助協作的能力。

我們能以正向積極和感恩的心來面向世界，來和他人合作，能看到他人的需要並伸出援手，這是和諧社會的本源，願以同理心來關懷他人，這也是每一個人都有的特質，這是我們常說「人性」的根本。它是可以學習成長的，但需要自知，決定及行動。否則會變成顯性或隱性「沒人性」的人。

現在人群越來越重視社群的力量，如何學習和「群體」連結，以同理心互相關懷，協力運作，這是每一個人生命成功的要件，也是領導力的本質。

XQ（Execution Quotient）執行力商數

我們看到太多的人很會說，但能做出來的確是寥寥無幾。這是成功人士的差異元素之一；如何「將決定轉化成為行動」的能力。

圖5.4 │ 8Q體檢表（範例）│

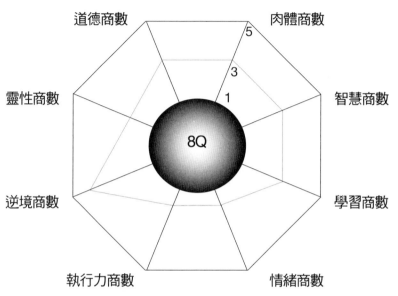

1：不好 2：較差 3：一般 4：不錯 5：優秀

AQ（Adversity Quotient）逆境商數

我們知道很多偉人或名將，在平常日子裡表現非常傑出，很優秀，很有策略，有眼光。AQ要談的是：當困難來時，他們做了些什麼？他們如何應變？在經濟大蕭條時，一個領導者做了什麼？在企業面對生死存亡的時候，領導者如何反應？在敵人重兵包圍時，這將軍做了些什麼？這是「偉大的人」所需具備的特質。

SQ（Spiritual Quotient）靈性商數

很多時候，我們都先為自己打點，然後再照顧他人。但人有一個潛在的使命，願為生命的源頭、生命的意義，為更高層次的意義奉獻自己。我們看到消防員不顧生命去救人，一個人會不顧火車疾駛而跳下鐵道去救人，或防洪救災時的救難英雄，這些人格特質都歷歷在目，令人難忘。這也是「受尊敬的人」會有的特質。

你可以試試進行圖5.4的8Q全人能力商數體檢表，你的表現如何呢？沒有好或不好，對或錯，只問「你認識自己嗎？」、「能接受你真正的自己嗎？」、「你願做更好的自己嗎？」

A・C・E・R・ 教練模型：教練模型的基礎

A.C.E.R. 代表：

Assessment, Awareness & Acceptance：自我評估，認知和認同。

Challenge & Choice to change：自我挑戰與選擇改變。

Exploration & Execution：自我測試與實踐。

Reflection & Renewal：自我反思與更新。

自我評估，認知與自我接納

自我評估（Assessment）

內在的自我評估：了解「我是誰」，進行PCA，8P，8C，

圖5.5 │ A. C. E. R 教練模式 │

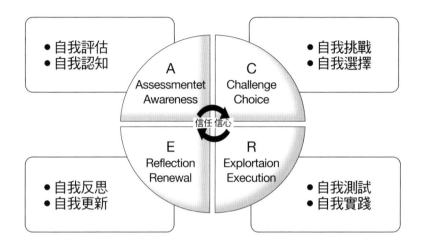

- 自我評估
- 自我認知

- 自我挑戰
- 自我選擇

A
Assessmentet
Awareness

C
Challenge
Choice

信任 信心

E
Reflection
Renewal

R
Explortaion
Execution

- 自我反思
- 自我更新

- 自我測試
- 自我實踐

8A，8Q等模型檢驗，以及個人的SWOT（優勢，短處，機會，威脅）回饋。

外在的自我評估：360度回饋，人格或個性或情商的評測工具。

自我認知（Awareness）和對自我的認同（Acceptance）

我是誰？分析資訊，這是我嗎？我有哪些優勢？短處？機會？壓力？

我的夢想是什麼？要更具體，更細節的描述「我想成為哪種人？」，「我要達成什麼目標？」

此外，教練在與學員交談時，得提出不同「角度，高度，深度與廣度」的問題，讓學員能由潛意識自動導航系統（Auto-piloting）裡「頓悟，喚醒，點亮（Aha，Wake-up，Light-up）」，並釋

放潛能」。

我記得最深刻就是在我高中二年級時，有次一位老師不經意的對我說「你寫的字真漂亮」；啊哈！這事我以前沒感覺，現在我忽然開竅了，於是這一生的字就漂亮了（至少對我自己來說是美的）。教練就是要幫助學員找到這「頓悟」點。

再舉一個例子，兩年前開始，每次醫生都會對我重複一句話「不要忘記你的年齡」；啊哈！以前沒感覺，現在我忽然開竅了，我走到人生另一個轉捩點了。忽然發覺以前自己一直非常自豪的「活力、體力和耐力」是有點不同了，我知道該是轉型的時候了。

我們在面對自己的潛意識或潛能時，常常會有DIG（Distorted, Ignored, Generalized；扭曲，忽視，一般化）的現象，我們有個偏光鏡，將自己的潛意識在沒有意識下有限度的或是扭曲的顯示出來。如何能夠減少這些DIG的現象呢？最好的方法就是用教練法，以好奇心的態度問深入的問題，讓真我浮現出來。（圖5.6）

自我挑戰與選擇

自我挑戰（Challenge）
我還有其他的目標選擇嗎？
我的目標是我想要的嗎？
我的目標夠高嗎？可以更好些嗎？

自我選擇（Choose），願意改變（Change）
那個目標是我最好的選擇？

圖5.6｜潛意識與顯意識｜

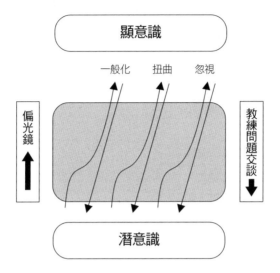

我該如何達成這目標？

我有什麼選擇嗎？我該做如何選擇？

還有，機會（Chance）的評估及做了決定後的承諾（Commit-ment）

自我測試與實踐

自我測試（Exploration）

對這選擇，我有熱情嗎？我願付代價嗎？

跳開繁瑣的思路，用直覺看看「這是我的最好的選擇」嗎？

我第一步該怎麼跨出去？什麼時候啟動？這是測試理想和現實的差距。

自我實踐（Execution）

測試的結果如你想像的一樣嗎？需要修改嗎？

你的具體實施步驟和計畫呢？

何時開始啟動？

自我反思更新與獎勵

自我反思（Reflection）

定期要有個檢驗點，靜下來反思：「哪些做得好？為什麼？哪些規劃的不好，可以再改善」。

在項目結束後，要問：「如果再從來一次，我會有什麼不一樣的做法？」這是學習力，也是成長的關鍵。而重要思考的主題是：「哪些要保留？哪些要放棄？哪些要新學？」

自我更新（Renewal）

給自己一個不斷更新的機制，這是最安全的「打帶跑」策略。這是一個「不確定」的時代，「不斷的改變和更新」是關鍵。

釋放自己（Release and Relax）

這是最喜樂的時刻，完全釋放自己的能力，做好了，休息一下。

重新再來的自我獎勵（Reward）：

專案做好了之後，給自己打個分並慶祝慶祝。

信心與信任（TRUST）

在整個流程裡，信任與對自己的信心是關鍵。在這個安全的環境下，學員必須把自己的面具除下，真誠的開放自己的內心感覺與想法，與教練分享。

A‧C‧E‧R 的應用

針對8P，8C，8A，8Q的每一個元素，我們再回去用A.C.E.R的方法檢驗一下我們的現在的境況，想想在未來12個月，你希望在哪個部分有哪些成長？比如說：思考目標使命，我自己的使命和目標夠具體清楚嗎？可以再提高一些嗎？我的行動計畫是什麼？如何評估？

我常用武俠小說的語氣來說明這A.C.E.R的流程，這好似武俠高人的「識劍，練劍，用劍，論劍」，識劍是瞭解自己，認識自己心中的拿把劍；練劍是自己選擇要練那套劍法？；用劍是要能實踐出來；論劍是事後的反思流程，和他人分享。

時時更新我們的「心理羅盤」

我們每一個人心中都有一個心理羅盤，當我們不自知時，它就為我們做了決定。它是我們自己生命的一部分，只是我們不自覺。

這心理羅盤是日積月累而成，源由我們的經驗，文化，價值觀，別人的教導，學習……等。它會為我們決定做什麼、不做什麼？哪個重要？哪個不重要。比如有些女孩看到蛇就會怕，看到一些食物就會想吐，也就好像汽車的電子導航系統裡的標準設定一樣。

我們很多人不知在我們心裡頭有這樣一個「創造設計」，而是每天大小事都要自己做決定，好忙好累，但是沒太大的效果，日子過得好辛苦。有些人則是相反；凡是只管大不管小，IQ，EQ都很高，很有眼光、有策略，但讓這老系統自由發揮運轉，落得「為什麼我想做的總是做不到？」的下場。

當我們是在「自知」的狀態下做決定時，我們會願對這些決定負責，如果在「沒自知」狀態下做決定，那叫「自動反應」，責任感相對就減少了。

GROWS 2.0 模型

GROW 原是IBM發展出來的一套教練模型，我認為還可以更完善，因此依我個人的教練經驗將它再加上幾個重要元素，我將它發展成為GROWS 2.0：

G：Goal（目標設定，願景）

R：Reality：Resources, Restriction, Risk,Review, Role & Responsibility（瞭解現實，資源，制約條件，風險評估，事先驗屍〔用最負面的預測去檢驗〕，角色與責任）

O：Options, Opportunity（有什麼選擇嗎？還有什麼機會嗎？）

W：Will & When（我的決定，我的意志力有多強？什麼時候啟動？急迫性有多強？）

S：Stakeholder's Support & Sustainability（對我支持的是誰？我願意和他們說說我的決定嗎？）

在這模型中的的「6RM」則是：

Right Man and Members（有好的領導者及團隊）

Right Motive（好的動機）

Right Moment（對的時間與機會）

Right Model（好的策略）

Right Method（好的實踐方法）

Right Management（好的管理）

感性和理性的目標設定流程

最好的目標設定流程是先靜下來，閉起眼睛，想像自己達成目標時的興奮和滿足感，想像腦海裡的圖像，體驗那時自己心中的感受是什麼？這是感性的高峰體驗時刻，如果是好的決定，這時我們會興奮會心跳加速，體溫升高，這是熱情和動力的來源。

圖5.7 │ GROWS 2.0 模式 │

6RM
Right Man and Members
有好的領導者及團隊
Right Motives
好的動機
Right Moment
對的時間與機會
Right Model
好的策略
Right Method
好的實踐方法
Right Management
好的管理

選項1

Will 決心意志力

Stakeholders 支持者

GOAL 目標

選項2

Reality, 現實狀況
Resources, 資源
Restriction, 限制條件
Role & Responsibility, 角色與責任

然後，我們才開始語言化理性化的流程整理：具體寫下來「是什麼？為什麼？憑什麼？該做什麼？」，這個流程讓我們有感性的體驗，也有理性的釐清。

在設定目標時有五個大的基石：第一要以正面陳述做目標，不說「我不要做……」，而是說「我要做到……」；第二要以資源充分的心情來設定目標，充分代表今日可取的資源和明日開發出來的資源；第三要能具體的說出來，不是含混的意向。第四是必須是自己的決定，要有信心和熱情。第五是以我為主體的目標，我的企圖心，我的決定，我負責。

GROWS 2.0 的應用：

我們要達成的目標是什麼？（經過 A.C.E.R 流程沉澱下來的目標），我們的動機是什麼？是為個人服務呢？還是為群體？

我們的現實環境是什麼？我們有哪些資源？哪些限制？

為了達成目標，我們有哪些選擇？什麼是我最佳的目標選擇？

我的意志力夠嗎？我願付上代價來達成這目標嗎？我的支持力夠多嗎？會面對哪些可能的阻力？我願付出代價嗎？

我們的專案領導及團隊夠強嗎？我們的動機能激勵人心嗎？

我們計畫表裡要開始啟動及實踐的時間合適嗎？我們的策略及實踐的方法合適嗎？

最後不要忘記，跳開思路，用遠距離，用自己的「直覺」來再審查自己的目標和計畫是否是你要的？它在和你對話嗎？它對你有吸引力嗎？有熱情嗎？你願為它付出代價嗎？

在現實的環境裡有太多的應用，比如年輕人常常抱怨每天必須加班到半夜才能將工作做完，甚至有些人有「過勞病」。我們

試試用這個GROWS 2.0的方法。

首先，我們必須設定目標並告訴自己我要在幾點前下班，比如說下午七點，我要自己相信這是可行的。自己在心裡感受一下達到目標後的美好，像可以回家吃頓香熱的晚飯、看場電影……等。但要怎麼開始呢？第一我會對自己目前的工作做個分析（Reality，Resources，Restriction check）：哪些要馬上做？哪些不做？哪些暫時不處理、待時機成熟再進行，我有哪些人和我一起合作？還有哪些工具能加強我的生產力？如何讓我的工作更集中精神、而不是空轉。第二我要讓自己更有效率，找出最佳的選擇（Options），哪些會議可以不開？哪些事必須自己做、哪些要和人合作？哪些要授權他人做，而不是下班才開始做事？我的時間和能量管理能做最佳的配置。掌握自己的生理脈動，達到自己最佳的效能。最後我會告訴我的支持者（他們可能是我的同事、隊友、老闆或家人）我的企圖心，請他們幫助我達成目標。在適當的時機我就開始啟動，全力以赴，這就是GROWS 2.0 一個個人的應用範例。

A·C·E·R 和GROWS 2.0模型是我提出的教練模型核心部分，建議你讀到這裡可以暫停下來，再做一次沉思學習！

6D肯定式探尋教練法（Appreciative Inquiry）

6D 代表的是：Discovery（自我認知），Dream（夢想理想），Determination（決心），Define the strengths and gap（決定差距），Development（發展計畫）與 Delivery（執行實踐）。

這是教練法裡的一股清流。它可以用在個人轉型上，也可以用在企業的變革。我們在傳統商學院所教導的管理方式是針對問題下藥，要當機立斷、解決問題。比如企業內離職率高，員工士氣低，那做個調查研究，找個外部「激勵大師」來培訓，加加油；好的老闆可能在做完幾個大項目後說「大家辛苦了，休息兩天再來！」。之後問題還在，還是人仰馬翻，專案做不完，員工賣體力勞動，沒有成就感，好人才不斷流失。

肯定式6D教練法則給了我們不同的思路與做法：它不再是「解決問題」，而在「強化好的體驗」。

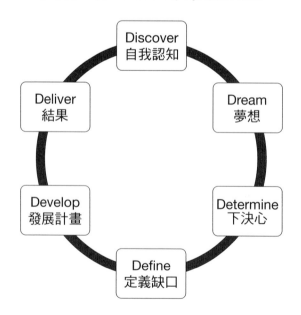

圖5.8 │ 6D肯定式探尋教練法 │
參考自：Appreciative Inquiry, 欣賞式探尋

Discover
自我認知

Dream
夢想

Determine
下決心

Define
定義缺口

Develop
發展計畫

Deliver
結果

圖5.9 │ 肯定法新模式的思路 │

解決問題的舊方法	肯定法新模式
定義問題	分享成功案例：我們是怎麼成功的？
分析原因。	為什麼成功？
找出根本原因。	如何能複製這成功經驗？
提出方案。	如何應用這經歷幫助我們的夢想成功？
解決問題。	如何做得更好？
修正行為方案。	會有肯定鼓勵創新合作及分享夢想，
可能會有批評指責等消極性的行為。	慶祝成功。

　　以剛剛的故事為例，關鍵不在問「為什麼員工離職率高，士氣差？」，而在瞭解員工士氣好的時候，戰鬥力高的時候，他們「高峰體驗」的情境，為什麼他們如此「熱情，激動，自動自發？」，領導者該如何創造另一個環境能「激勵，動員」以員工優勢為基礎的積極性變革模式；並且讓員工能主動積極參與到企業每個變革的項目來呢？

　　我們前面提過，員工到企業工作有三種心態：就業，職業與事業。就業是為了一份薪資，職業是為了份穩定的工作，唯有具備事業心態的員工才會擁抱熱情，主動參與。這是「教練」型企業文化的一環。在此要再進一步用實例分析這種教練法與現今我們的經驗有什麼差距，這是一個重要的教練模式，好的領導人必須具備。

肯定式教練法研討會的藍圖

　　這是和PCA，A・C・E・R，GROWS 2.0 可以交互運用的教練模式，「6D肯定式探尋教練法」是在「有意識」下的思路流

程，它的特徵是「肯定式」，而不是「否定式」的討論。以下就舉一個團隊的兩天教練型研討會的結構：

確定主題：

這是教練合約，要確認專注在什麼主題？比如說是「如何建立高效活力團隊？」

確定參與人員：

邀請與這主題相關的人員參與。如人數太多，則邀請代表性人員出席。「五個I」是成功找對參與者的關鍵（Invite, 邀請，Involve, 參與，Inspire 激勵，Incentive, 獎勵 & Informed, 告知）

「自我認知」的深度探尋：

教練要針對主題，先用問卷及面對面對關鍵人員做採訪並做資訊解讀分析，以便在研討會開始時能與學員分享。問卷的題目基本圍繞在：

你對組織何時最投入，何時最生氣勃勃，充滿活力？你能描述那感覺嗎？

你認為那是為什麼呢？是哪些原因讓你如此投入？

你夢想中的活力團隊是如何運作的？你能描述嗎？

為使夢想成真，你將會如何投入？

分享主題：

小組討論，針對以上幾個問題讓大家再面對面的分享。

小組彙報。

教練報告事先的調查研究分析報告：群體討論。

我們的目標（夢想）是什麼？

要建立一個高效團隊？這是怎麼一個團隊？

我們的決心（承諾）：這是我們的決心和目標。

我們的缺口：為達成這目標，我們必須具備什麼能力呢？

我們的發展及行動計畫：我們該如何啟動？計畫與執行。

我們的成果發表及慶祝。

如何釋放人的潛能？

在談完三個最主要的教練模型後，我們來整合如何來釋放員工的潛能？這是教練型主管的主要職責之一，我認為有七個要素：

第一：願意做真正的和最好的自己：

在一個安全自信互信的環境裡，人的潛能得以滋長發展。

我們人人都願做個真誠的人，人人都願做最好的自己；放輕鬆的來經歷世界的美好，期待人與人間無條件的互助與愛心，能感恩；我們認定每一個人都可以成為一個A+的人；每一個人都在找他自己的舞臺，來展現他自己；我們也是在追尋生命的意義，在心裡的底層，我們是願意幫助人的。

談到A+，有一個教授在學期開始時告訴他的學生說：這學期我要給每一位同學A+，但是我有一個要求，你們在學期末了要告訴我：「憑什麼我給你們A+？」，這是一個好問題，我們也知道答案不是只有一個，人的潛能由此發生。

第二：瞭解你真正的需要，也願意和人分享

我們要專注的是「必需，但沒有」的事物，而有足夠的空間

圖5.10 ｜ 釋放潛能 ｜

和時間來釋放自己享受生命。我們花太多時間和精力在那些「不是必需」的事物上。

　　一個人的成就決定於「他發揮了多少潛能以及他如何面對干擾？」（成就＝潛能－干擾）。一個人的幸福指數決定於你的態度如何面對你擁有的資源。感恩和慷慨分享的個性越強，你的生命幸福指數越高，這是每個人態度的抉擇。

　　我們生命要面對四個情景：一是我有需要我也有，這是要感恩；一是我有但是我不需要，這時我們要能慷慨施恩給需要的人；一是我沒有但是我有需要，這是我們需要努力專注的地方；最後一個是我沒有我也沒有需要，那與我無關，我有絕對的自由。（圖5.11）你的幸福指數有多高呢？該感恩的時候你有沒有

圖5.11 │幸福指數圖│

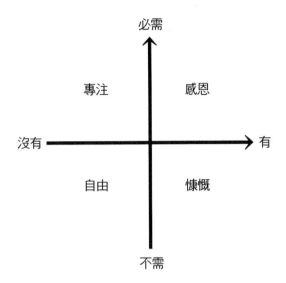

經歷過？該慷慨，該自由的時候，你有沒有錯過？這都是幸福的關鍵時刻，每一個人都曾有過！

有個故事說，在天堂和地獄的餐廳裡的擺設都一樣，有足夠的食物給每一個人，但是每個人的筷子都很長，長到自己吃不到自己夾到的食物；在地獄的人們因為吃不到自己的食物，很多人就餓死了；但在天堂大家都吃得高興，因為每個人夾菜給他人吃，問他人說：「你想吃什麼？我為你服務！」一團和氣，這是高的幸福指數社群，這就是天堂。

第三：做個能傾聽也會傾聽的人

瞭解人與被瞭解是人生的快樂事，特別是當我們成為能「傾

聽的人」，那人與人的鴻溝被打破了，情感的交流會帶來更多的信任和開放，更多建設性的思路衝擊，更多的人會更開放，更多的心靈觸動，更多的討論，潛能由此釋放。

能有效的傾聽有幾個關鍵技巧：第一，要能全人搜尋的聽，美國的麥拉賓（Dr. Mehrabian）博士做了一個實驗，他的報告說人的語言只占他要表達思想的7%，另外38% 是由聲音語調表示，55% 是由他的態度和表情。這為什麼我們儘量要做面對面溝通，你才能完全看得到聽得懂對方要表達的意思。第二：要能問關鍵的問題，我們提過「人的潛意識會被DIG扭曲，忽視，通俗化」，這要經過問問題才能釐清，找到問題的核心。第三：我們在下一章會提到「為什麼我不敢告訴你我是誰？」，許多人是沒有安全感，帶著面具在互動，如何讓他們有安全感，這也是一個挑戰。

第四：要有夢想

共同的夢想是組織裡最安全的空間，也是團隊及其成員的動力來源。通過激發夢想，將激發個人及團隊的能量，這是人們期待已久的正向力量爆發。

第五：要錨定（Anchoring）

上一章提過，夢想要在心裡用感性來體驗，最後才用理性來釐清，將它寫下來，將這個感覺、激動和影像記在心中，這就是未來面對苦難時的存款。另外一種有效錨定的方法是和你信得過的朋友或是夥伴分享，也請他們幫助你。這會加強你的毅力和面對困境時的能力。錨定是在一個想透了並做決定後「充滿能量」的待機狀態，是一隻猛獸虎視眈眈獵物的心神狀態，隨時可以最

佳狀態出擊！

第六：要有行動

當目標是經過自己的選擇，那份熱情啟動的能量是巨大的。
當團隊確定了他們的遠景時，那實踐的動能是不可阻擋的。但是
身為企業領導人，必須讓這動能在最成熟的時機啟動，縱使是不
成功的試驗，也是一種學習和成長。下一次，他們會增長智慧，
潛能由此而生。

第七：要有積極正向的態度

以肯定式教練法的思路來面對人，讓團隊裡每個人都能感受
積極，樂觀，正向，體驗他們生命中美好的部分，而且不斷的強
化它，擴大它，成為你我生命的人格特質。當外在環境有巨大變
化時，我們看到的是改變裡的「機會」，而不是「困難」。

教練教導流程

本章最後要介紹教練教導流程，這可以應用在個人教練或
企業教練上，我將用一個案例來解釋這流程。在每次的會面裡，
教練第一個要做的動作是：靜下來，慢下來，倒空自己，決定專
注。這是預備動作，這會決定了這次交流的成效。

其次，教練要問學員：「我今天能幫你什麼忙嗎？」這是要
清楚的確定今天「專注的討論目標」，才能有成效，不至於浪費
時間。

接下來，就用一個我與一位「科學家」學員的教練案例來作
為這教練流程的參考：

教練：今天我能為你提供什麼服務嗎？你想談什麼事嗎？

學員：我想用今天一個小時的時間和你請教我的人生規劃的事，這件事困擾我已一陣子了。

教練：你能告訴我你的一些想法嗎？（說故事，自我認知）

學員：我是可以在實驗室繼續做高科技研究，可是我不喜歡實驗室的生活，我不想在哪兒呆一輩子……（以下省略）

教練：你現在在實驗室工作的感覺如何？

學員：我是能做好這工作，但沒有激情，我知道這兒不屬於我，我要離開這兒。

教練：你想要離開的必要性有多強呢？如果用1到5，1只是隨便想想，2：在考慮中，3想換工作，4：已決定要換，但不知怎麼辦？5：決定要換，也有方向了。

你在哪兒？

學員：3，很想換，但下不了決定。（定位：新的看見）

教練：你對這事給自己多長的時間來考慮呢？

學員：一年，明年要結婚，結婚前一定要搞定它。（定位：新的看見）

教練：那在這一年內，你需要做什麼來幫助你做決定呢？（藉力使力）

學員：我要在上半年內確認我選擇的方向，下半年申請學校。

教練：你能告訴我你的個人理想是什麼嗎？你的人生目標是什麼呢？

學員：我要能做些我有興趣也能用到我專長的事業。我想去再修一個法學學位。

教練：為什麼呢？（好奇心，問有衝擊性問題）

學員：我要成為智慧產權的律師。

教練：為什麼呢？為了達成你生命的理想，還有其他選擇嗎？（其他選擇）

學員：我曾考慮過和朋友共同創業，但這對我不實際，我不是生意人。

教練：還有其他選擇嗎？（空間，時間留空白，給學員做深度思考）

學員：……嗯嗯……，沒有了。

教練：為什麼「智慧產權律師」是你的最後選擇呢？

學員：我學科技，我記憶力很好，思考也好，我想把「科技加上法律」成為我的專業，特別是在現階段的中國，正需要這種人才。這對我是好機會，不可錯過。（自我認知）

教練：你知道你要付上多大的代價嗎？（自我認知）

學員：我已算過，我可以申請獎學金，加上我的存款，兩個人的生活應沒問題，在小孩出生前要把律師執照拿到。有困難我也願意承擔，這才是我想做的。（改變現狀，承諾）

教練：那你準備怎麼做呢？

學員：搞清楚那個學校適合我去讀，考律師執照的困難度，確定後告再知我企業的老闆……等等。我那未婚妻是很支持我的想法。（計畫及支持）

教練：這些問題在你朋友裡，哪個人能給你資訊和建議，確定你的想法可行？

學員：啊哈，我記得了，我的朋友老張的爸爸是律師，我可以向他請教，以便做最好的決定。（最好的決定）

教練：還有呢？

學員：我還是要想想這是不是我想要走的路，一個月後再最

後決定。（可能）

　　教練：還有嗎？

　　學員：今天就談這些，謝謝你幫我釐清我的思緒，我知道下一步該怎麼做了，一個月後再和你請教。

圖5.12 ｜ 教練教導模型 ｜

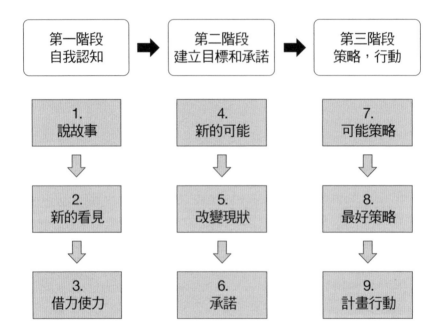

RAA 時間
反思Reflection 更新Renewal 應用Application 行動Action

1. 從這幾個教練模型,我學到了什麼?
2. 我對哪個模型特別有感動?是什麼?
3. 我決定怎麼應用這些模型?
4. 什麼時候開始第一步?

6
COACHING
BASED LEADERSHIP

人生有許多十字路口──
教練模型介紹（2）

40天

在心理學裡頭，這是一個奇妙的數字，這是一個人的轉型至少要的天數：40天，由自我認知到決定改變需要的天數。

有些事急不來，特別是心理行為的轉變。

人生的十字路口

生命是一連串的選擇和專注的成果。

我們在不同的事件主題和不同的時間點都會經歷過這些轉捩點，我叫它人生的十字路口。

它可能是你的工作你的家庭或婚姻關係，也可能是你在朋友圈子裡的社群關係，赫德遜學院的這個研究模型是被業界公認的權威。

我以一個人的職業發展狀況來做解釋：

我很好（第一階段）：

這是春風得意時，事事順利，有活力，有幹勁，有機會，有願景。每天一大早就迫不及待的要去上班，很有成就感。

我好悶（第二階段）：

如果說第一階段是蜜月期，那這一階段可能是「婚姻倦怠期」了。對工作不再興奮，天下沒什麼新事，每天都是一樣，好悶好累。好的主管花時間在授權，在培養人才，準備接班人選；差些的主管則是抽煙喝茶看報紙，沒事找事做，要報表，要開會……等，也不求上進，對他（她）們這或許是個好差事。依一般的統計，人會在四到五年後產生第一個倦怠期。

小回轉：在好的企業裡，人才發展單位會依個人的興趣和個人生涯規劃，給予適當的輔導及培訓，幫助員工回轉到第一階段的狀態來，讓他（她）在企業內重新找到他（她）們自己的位置，重新得力，重新出發。這要靠部門主管，人才發展部門與員工當事人的信任和合作，才能有好的回轉流程，對企業，這也是最佳的結局。

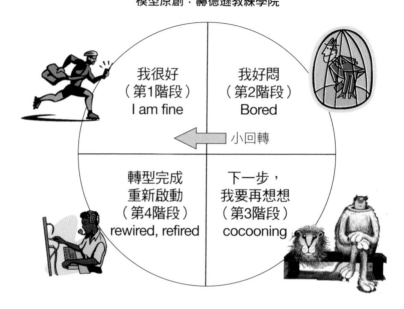

圖6.1 | 人生的十字路口 |
模型原創：赫德遜教練學院

我很好
（第1階段）
I am fine

我好悶
（第2階段）
Bored

小回轉

轉型完成
重新啟動
（第4階段）
rewired, refired

下一步，
我要再想想
（第3階段）
cocooning

下一步，我要再想想（第三步）：

　　許多人在走到第二步時，就累了，對企業內部的事提不起勁，特別是這些經歷過內部「權力鬥爭」的人。很多人開始「騎馬找馬」，開始在想「下一步，我該做什麼？」，我在追求什麼？我有什麼選擇？我該做什麼？這是「生涯規劃」教練的專業。我也看到在一些歐美大企業在「裁員」時，也同時對員工提供這樣的「生涯規劃教練」服務，讓他（她）們能夠對自己有信心，知道自己要什麼？開始另一個人生旅程，而不至於變得消極，而成為企業家庭或社會的負擔。這是一個人的沉潛期，有些人要一年甚至更長的時間做思考轉型，我們在後幾章會有更多的案例介紹。

轉型完成，重新啟動（第四步）：

經過個人的思考沉澱或經過教練的指導，最終找到自己的方向目標和計畫，心目中的紅太陽，熱情澎湃，再次出發，活力向前，又是一條活龍回到跑道上。

這是不斷的在迴圈，需要不斷的「自我認知，自我挑戰，自我選擇，自我實踐，自我反思」不斷在經歷的A・C・E・R流程。在不同的主題事件及不同的時間，不斷的發生，生生不息。

RAA 時間
反思Reflection 更新Renewal 應用Application 行動Action

1. 找一個關於自己工作或家庭生活的案例，思考我現在在十字路口哪個階段呢？
2. 我預備怎麼往前走呢？我是如何思考出路的呢？

約哈瑞窗口（Johari window）：為什麼我不讓你知道我是誰？

我們都知道盲人摸象的故事，其實我們認識他人的經歷和盲人摸象沒什麼兩樣。

除了嬰孩，我們每個人都帶著面具在面對他人。你同意嗎？各國的離婚率在這幾年都不斷的升高；在美國，離婚率是50％，第二次婚姻的離婚率更高到70％，我們常說「人因相愛而結合，因瞭解而分開」；人們會說「情人眼裡出西施，談戀愛時瞎了眼」，這也不錯；在企業界，我們在選才、用才也是盡其所能，用各種不同的測試來瞭解人的性向，但還是有高於30％的人在前三個月離職，「識錯人，嫁錯郎」這是每個人都會面對的困惑，我們如何來面對呢？為什麼我不敢，也不願告訴你我是誰？我們介紹過每個人都有8P，8C，8A，8Q，人是非常複雜的創造，很難瞭解，不止是很難瞭解他人，其實我們也很難瞭解自己。

我們每個人在面對他人的時候有幾個象限；

你知，我也知（陽光區）：

陽光男（女）孩：很開朗，很自在；這是你認識的我，我認識的你；這也是一般人的交往及相處的一面。

我知，你不知（面具區）：

對不起，這兒有一道門，沒有我的允許你進不來。這是我的世界，我的天地，我的秘密。我帶著面罩來看你。

你知，我不知（盲點區）：

很多人有很多習慣及行為自己不查，但朋友卻看得清楚，久了就變成你的人格特質，但你不察覺。這可能是你的優點，可能

圖6.2 │ 為什麼我不讓你知道我是誰？│

你

是缺點，他人就在這兒幫你貼標籤，比如說「他不喜歡唱歌」，
「他不會幹這事，他不是這種人」……等，在這兒，你朋友比你
還瞭解你自己。

很多的領導人也有這個問題，他們常對我說「陳教練，我是
徹底的民主化領導」，可是員工在他面前只有聽訓的份，一句話
都插不上，也不敢插話。這要靠外部教練才能幫得著！ 這是一
塊潛能待開發區，如能說到做到，你會贏得尊敬，企業運作會更
順暢，企業效益一定提高。

我不知，你也不知（潛能待開發區）：

這就叫「潛能」，我們常說「他是一塊寶」，每一個人都是
一塊寶，這是企業的財富，家庭個人的財富，但如何開發呢？這
是好的挑戰。

對於個人或是教練，其實每個區塊都是潛能開發區；如何幫助我們將面具取下來，讓我們活得更自在；如何幫助我們看到自己的盲點，而不需要自我保衛；如何幫助我們將我們每個人的積極性創造性及其他的潛能激發出來？我們來做個小的測驗：你會是哪一種員工？

一、拿多少工資做多少事的人。

二、告訴老闆你還可以做更多的事，承擔更多的責任，「請給我機會，幫助我做得更好」的人。

在這兒，我們得暫停一下，回想一下，你對你最要好的朋友的認識是在那個區塊？如果你是企業或團隊領導，你對你的核心幹部的認知瞭解是在哪個區塊呢？如何能將心比心，真誠相待呢？我們也談談，為什麼你不願開放自己，而將自己隱藏呢？不安全感？不願面對現實？或是怕「說出來，做不到」。「人貴相知」，這是真理。這是未來人才培育的大挑戰，不只在企業，也在「面對自己，潛能的開發」。這不能只靠「教導，學習」，而是「自省，教練」的功夫。如何將你的面罩拿下，將你的盲點叫醒、點亮，真誠的面對自己，也面對別人，提高自己的積極性，這是「生命教練」最重要的價值。

生命的意義不只在達成目標，更多的是享受生命，分享生命的價值。與人結交，分享「我是誰」是生命喜悅的第一步，讓我們的生命裡有更多「知我，識我，瞭解我，欣賞我」的朋友，真誠的告訴他們我是誰，拿下面具，釋放自己，這才是真正擁有「自由，豐富而喜樂」的生命，不虛此生。

你願意拿下面具，面向你認識的人嗎？

在討論約哈瑞視窗時，我們也必須瞭解人在不同的狀態時可能會採取的態度，這要回歸到「馬斯洛法則」，人會有階段性的需要：

生理需要，這是肉體的需要，如食物和性。

安全需要。

愛與歸屬的需要。

被尊重的需要。

自我實現的需要。

在一個沒安全，求生存的環境裡，人們表現出來的是保護自己，他（她）也不會讓你知道他（她）是誰。當他（她）慢慢被接受了，有了愛與歸屬感了，他（她）要的是「被信任」，最後走到「被尊重」及「自我實現」的「有信心」，願開放，付出，分享的階段。

圖6.3 ｜馬斯洛理論 Maslow Law ｜

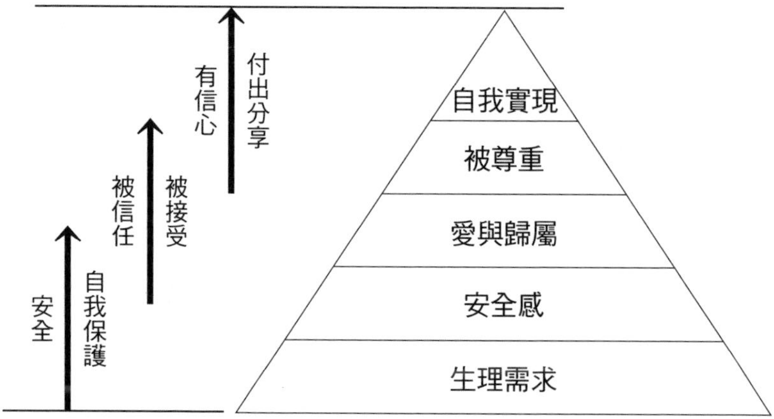

在企業裡，我們會用內部導師來加速一般員工在這些階段的轉型，但是面對高層主管，特別是新提升的高層主管或外來空降的高層主管則有賴於外部企業教練的幫助了。

轉危為機：邁向目標

在面向每一次的轉變，我們都會面對許多的困難與掙扎，可能來自自己內部，也可能來自外部，如何有效克服這些因素，化解阻力為動力？舉一個例子：我們都有換工作的經驗，當你決定辭職前，你可能會面對這些問題：

你自己內在的聲音：做得好好的，為什麼要離開？值得嗎？那邊會比這兒好嗎？離開你的這些好朋友，值得嗎？

你的好朋友的話：別離開我們，我們需要你！

你的家人的話：你會更忙嗎？我們還會有時間和你出遊嗎？

你老闆的話：不要走，我給你加薪。

許多許多的聲音會在你耳邊響起，它們是你往前轉變的阻力，你該怎麼辦？

這是這個模型的目的，要幫助你走過來。再回到我們前面談過的幾個模型：PCA，A‧C‧E‧R，GROWS 2.0：

自我評估，自我認知：點亮自己，問自己我要什麼？我在追求什麼？

自我挑戰，自我選擇：為什麼要離開？為什麼不離開？離開是最佳的選擇嗎？還有其他的選項嗎？我的決定是什麼？

自我測試，自我實踐：做個測試，瞭解你的想像和真實世界間的差距；也問問前輩及生涯規劃教練的意見。

自我反思，自我更新。

而在對這些問題思考過後，我們可能得以再回來面對這些問題：

你自己內在的聲音：做得好好的，為什麼要動？值得嗎？

答：這是值得的，我找不到留下來的理由和激情，現在改變正是時候，以後有機會可能要再等好幾年。

你自己內在的聲音：那邊會比這兒好嗎？

答：我喜歡那個工作，我相信我會比較快樂，雖然會辛苦些，不過那是值得的，這是我的選擇，這對我未來的發展是好的。

你自己內在的聲音：離開你的這些好朋友，值得嗎？

答：現在通訊很方便，而且我會常回來，見面機會還是很多，不擔心。

你的好朋友的話：別離開我們。

答：我會常與你們通電話，見面機會還是很多，這不是問題。

你的家人的話：你會更忙嗎？我們還會有時間和你出遊嗎？

答：會更忙些，不過我會更高興的去工作，回來更快活些，週末我可以多陪陪你，好嗎。

你老闆的話：不要走，我給你加薪。

答：謝謝，我心已定，那是我夢想的工作，這是好機會，你願意祝福我嗎？

以上這些虛擬的過程，也是種轉化「猶豫，困擾，牽掛，擔心，不確定」成為「信心，積極，熱情，動力」的心態。能讓我們自己往前邁進時，可以更踏實些。

在下一章我們會談到一種「換個角度看問題」的技巧,這些阻力,由另一個角度來看,是「關懷,愛心」的表現,如何在有意識時,轉換思緒,做好溝通,重新啟動?

在英文有個字很有意思,「Resign」它是「辭職」的意思,可是將它拆開看,RE-SIGN就變成了「重新投入」的意思;換個角度看問題,化阻力為助力。

RAA 時間
反思Reflection 更新Renewal 應用Application 行動Action

1. 你有RE-SIGN的經驗嗎?你是如何走過來的?你是如何面對阻力,找到自己的助力的?
2. 如果重來一次,你會怎麼做?

人際關係價值網路

在談「價值觀」以前，我們必須先認清「誰對我重要？」，這是個笨問題，但也是最主要的問題。我將我們可能面對的人分成幾個族群：

我：很多人常常「忘了我的存在」，沒留時間給自己。

配偶：她（他）是家庭組成的一個最重要的夥伴（如果你已婚）。

你的家人：是你的孩子們。

延伸家庭：這是個大的族群，包含你和配偶的父母，兄弟姐妹……等等。

工作。

朋友。

社群：他們可能在網上。

其他。

我們要先認知「他們」在我們心目中的地位以及重要性，我的第一個問題是：

如果以距離代表關係的親密度：每一個族群和你的距離有多遠？

這是一個「價值觀」的選擇：哪些人對你重要？

這是一個自我認知的活動，將你認為對你重要的人們各寫在一張紙上，以自己為中心，排排看他們與你的距離（關係）。

我在這兒要再提醒大家一句話：「不要忘了你自己的存在」。

當我們年輕時，還沒結婚，那時我的「死黨（朋友們）」離我好近好近，一通電話就出門。和父母的聯繫是偶爾，是在需要經濟援助的時候才問候。

到我結交女朋友時，他們的距離及次序又要重新排一排；到婚後；有小孩；空巢期；到退休……等，每一個階段都在改變。

我也聽過退休人士對我說一句話，甚為貼切，他們的排法是「老體，老伴，老友，老本」。

價值觀：哪些事對我重要？

「價值觀」含有許許多多的元素，依各人在不同環境及階段的需要，排出他（她）的優先次序。

內顯的價值：如信仰，真誠，正直，和諧，誠實，專注，好客，包容，自由，信任，正向，獨立，積極。

外顯的價值：如名利，權力，合作，服務，創新，成長，績效，家庭，社群，朋友，有趣，管理文化……等。

企業價值：客戶滿意，創新，冒險，品質，社會責任，團隊合作，尊重差異，享受工作……等等。

價值觀的領域也是多元的，它可以包含：對人的影響（自己，家人，朋友，延伸家庭）；權威責任（地位，名譽，權力）；社會價值（頭銜，地位，企業）；生活方式；自主性（金錢，喜樂，健康，安定，安全感，富足感）；個人自由度（時間，興趣，健康）；個性（信念，學習，夢想）；意義性（公益，環保，貢獻）……等。如果要瞭解你自己的價值觀，我建議分成兩部分來建立：

圖6.4│我的價值指標是什麼？│

收入
名位，權力
能力，發展

家庭
熱情，興趣
意義，價值

第一：我的「個人標誌性價值觀」

這是不太變或不變的個人特徵，這是你自己在心裡所確認決定而且相信的：比如說「真誠，正直，和諧，包容……等」，這還是要有 A・C・E・R 的流程，才能做個「有原則的人」。自己說不算，要聽別人怎麼說你才算。不斷提醒自己，反思修改更新。前人說「一日三省吾身」，就是這個意思。這是個人的社會人「識別證」，一有機會或有事，你的朋友會說「陳先生會喜歡……」或是「陳先生不會喜歡……」。

第二：外在事件的價值觀

在什麼時候，什麼事件，哪些元素對我重要？這在我們生命裡會常常上演，「當我們不做決定時，別人就幫你做決定了」。比如說：找一個新的工作，我有兩個機會，一個在本市，公司一般，薪水平平，但是對我方便，靠近家，我可以每天回家和情人

吃晚飯。另一個機會是在外地，公司是我的夢想企業，薪資多了百分之二十，培訓機會多，成長快，我該選擇哪一家企業呢？

　　這就是你的價值觀的體現，好好問問自己一些問題，依據我們談過的GROWS 2.0原則及其它相關的工具，可以得到你的答案。這是「生涯規劃教練」的強項，我們稍後有參考案例。

RAA 時間
反思Reflection 更新Renewal 應用Application 行動Action

1. 我的個人「標誌性價值觀」是什麼？
2. 在面對新工作機會選擇時，我有一套的思路來做決定嗎？是什麼？

生命體驗成長模型：定期清庫存，再往前行

在這個模型裡，我要介紹的是「要能夠定期清庫存，再往前行」。這兒談的庫存是「經驗庫存，情緒庫存，關係庫存……等」，有四個重要元素，我叫它「價值啟動」模式（VIA：Value In Action）：

Hold-on：哪些是可保留延續的？留下來對明天或未來還是有價值的？

Let-go：哪些是要捨棄的？

Take-on：哪些是要新學習的？

Move-up：然後往前行。

這也是「肯定式教練法」的基礎。如何由過去的經歷找尋那「高峰體驗」（高峰體驗，如圖6.5的箭頭處），保留延續那些有價值的元素到新的專案？比如說「團隊建設」，如何建立一個高效活力新團隊？可以邀請新團隊成員以他們過去的經驗，談談「他們所經歷過的好團隊的體驗」，這是一個非常寶貴的經歷，也為新的團隊建立做了好的鋪墊；這可以是建立共同目標的基礎，也是共同的夢想。

同樣的，對一對新婚夫婦家庭的建立，也可以問他們對「幸福家庭」的體驗分享，他們可能談自己的家庭或看到他人的家庭，把這些好的元素抽離出來，保留延續（Hold-on），哪些是不好的，不要的？透過交談提高學員的自我認知，決定「捨棄」，哪些是要新建立的理想元素或能力？

圖6.5 │ 生命體驗成長圖 │

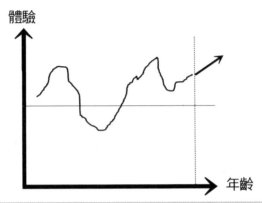

Shake-up, Hold on, Let go, Take on, Move-up,
從頭開始；延續；放棄；新學；往前行

　　這個模式可以用在各種的轉型教練流程，在我們決定「忘記背後，努力面向前方的時候」，不要忘記「要能清清庫存」，生命的成長不在我們走過多少路，而在我們學了多少，經過「自知，反思，修正，更新」的流程。

　　成功的人能在「複雜」的環境中，提煉出來那些與自己或企業相關的「含金元素」，而做「單純化」的執行，這是新領導人需要具備的能力。

　　我有一位學員在分享他早期參加樂團的「團隊合作高峰體驗」，他說那時的團員們一切就是為了興趣，大家「忘時，忘我，忘回報」的一起來花時間參與苦練，一有演唱機會，也不計較回報，他說「這是他最愉快的團隊合作體驗」。我就請他提煉一些「含金元素」，說說是什麼讓他如此投入？他說：「興趣，同好的朋友，熱情」。這是高效活力團隊建立的基礎。

RAA 時間
反思Reflection 更新Renewal 應用Application 行動Action

1. 想想你自己印象最深的一次「高峰體驗」，寫下它的「含金元素」，以及如何應用在你的生命或團隊合作裡？
2. 基於這個高峰體驗，你若再往前走（Move-up），期望你的下一個高峰期，那你會達成什麼結果呢？好好用心靈來感受一下，找到那個感覺，寫下來。

80／20法則（Pareto principle）

這是大家耳熟能詳的一個說法和一組數字：「20%的人掌握80%的資源」，我要問大家的兩個問題是：

第一：你是在那20%的人群裡呢？還是在80%的那一群？（這是你的選擇，你知道嗎？）

第二：身為領導人的你，如何激勵那80%的人轉變到那20%的人群裡？

我們的人生就是活在一種「B—C—D」的流程裡，B是BORN（出生），D是DEATH（死），中間的C是Choice（選擇），生命是不斷的選擇過程，我們可以選擇做個學習者，也可以選擇做個論斷者。學習者不斷的在碰撞中學習成長，論斷者不斷的哀嚎抱怨，為什麼這些不公平的事會發生在我身上？

為什麼很多人處於80%的人群裡還不自知？常常看到他們抱怨，指責他人，不滿……等。為什麼？這是我們的調查研究：

沒有歸屬感，沒有人邀請他們加入。

害怕承擔責任，有恐懼感，因過去有不愉快的相同經歷，過不了這條「恐懼」的河流。

不喜歡這兒的人事物，特別是領導人的風格；自私，很會搶功勞，沒有人願意與他合作。

這些人沒準備好、沒能力，或懶惰隨遇而安，不思上進。

圖6.6│80-20法則 Pareto Principle│

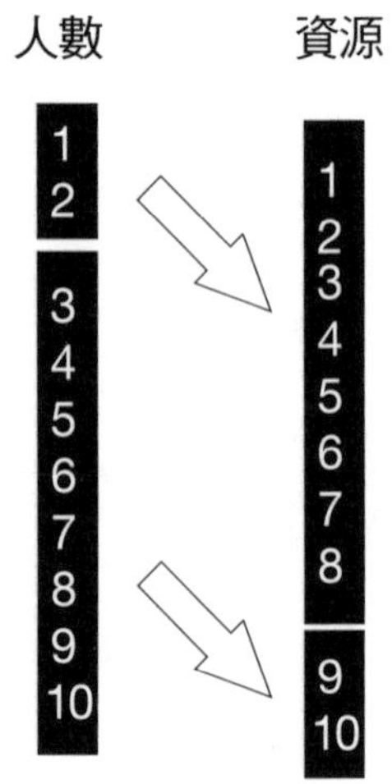

但領導人要如何激勵這些人呢？我們可以：

公開溝通可能的機會：給志願者優先權。

邀請他們參與：這是主管的工作，必要時給予任務及責任。

培訓：讓他們有能力貢獻。

參與：給機會，給舞臺。

工作定期調動，一方面是人才培養，一方面是創造更多的新機會。

我們企業有沒有這現象？如何幫助他們改變呢？

前饋及回饋（Feed-Forward & Feed-back）

這是我們設置RAA時間（包括在本書裡）的精義，我們不再專注在一般「往回看檢討式」回饋的思路，例如：我們做的怎麼樣？哪些事沒做好？為什麼？

反而，我們要以一個謙卑的學習心態來「往前看」（Feed-forward）：

我在第一階段學到些什麼？（Reflection）

哪些對我個人及企業會有幫助？（Reflection）

我該做哪些改變？（Renewal）

我該怎麼應用在個人及工作崗位上？（Application）

我第一步該怎麼做？（Action）

什麼時候開始啟動？（Action）

圖6.7 │ 前饋 Feed-forward │

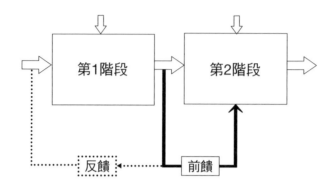

順勢而為（FLOW）的領導力

在對自己或團隊經營，我們必須掌握「借力使力」、「順勢而為」的要訣。這是我們中國文化的底層精華，不要如西方的管理系統，一定要搞些「激勵胡蘿蔔」，有一天胡蘿蔔不見了（如公司虧本還必須發獎金的笑話）或變小了（也可能是員工的胃口變大了），那是管理，不是領導。

有一個故事說：

有天風和太陽在爭論誰更強大。他們選定在路上行走的路人，看誰最快將他的外大衣脫掉。

於是太陽就暫時躲到雲層後面，風就開始吹，越吹越大，好似颶風。但是風越大，那路人的外衣包的越緊，終於風放棄了。

輪到太陽，它由雲層露臉，開始以溫和的笑臉微照著旅人，不久他擦汗了，繼而脫掉了外大衣。

圖6.8 | 順勢而為 Flow |

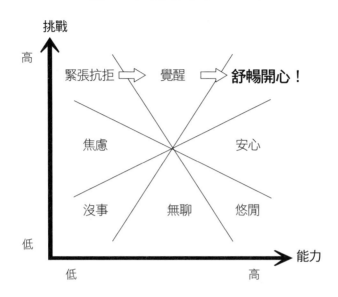

於是太陽對風說：溫和與友善才是人人需要的，他們會坦誠接納；憤怒和暴力會使他們保護自己得更緊。

我們經營企業是給員工溫暖安全感的環境呢？還是壓力管理，讓他們時時寫報告，事事都報告，為的是自保？

再回頭看看我說過的「就業，職業，事業，敬業」的流程，你希望員工是以何種心態來公司上班？

我們來看看，領導者可以如何激起個人的企圖心？

在安全溫暖的環境下，當一個人面對的挑戰和他的能力相對應時，他（她）會做得特別有成就感，特別「舒暢開心」，當領導的人要認識員工的需求和能力，給與機會和舞臺。

大才小用，小才大用都不是特別好的方法，甚至於有了「激勵胡蘿蔔」效果還是有限，我們看到許多人的「悠閒，無聊，憂慮，緊張，抗拒」，這就是後果。將人才放在對的位置上，給資源，給機會，給挑戰，給舞臺，順勢而為。

如果，你真的想激發個人在企業內團隊裡的表現，我們發覺不只在獎金，不只在激勵，而是當個人的目標，價值觀，願景與企業的目標，價值觀，願景相符合時，員工會有「自己當老闆」的感覺。不只是他們自己的事業，也是特別敬業的一群。這是為什麼企業教練要深入瞭解學員自己的8P，8C，8A，8Q，瞭解他們個人的需要，願景，教練做個喚醒者，點亮者，激勵者，陪伴者，讓員工清楚看到自己與企業的接軌，企業可以是他實現自己目標的捷徑，不只為企業貢獻，也是為自己的未來成長做貢獻。

你是一個好領導人嗎？你瞭解你員工的個人需要嗎？企業能提供一個具挑戰性的舞臺來讓他們盡情發揮嗎？

圖6.9 ｜ 高效活力區 ｜

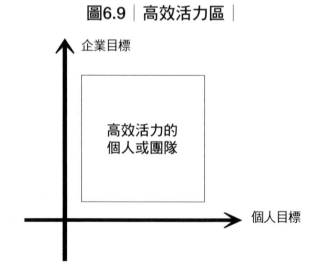

六個奇妙的數字

我們剛談過80／20法則，那是百分之二十的人，擁有百分之八十的資源，包含財富，權力……等，但成為那百分之二十的人，也是你的選擇。我們再來談談另外五個奇妙的數字。

1的魔術

人可以分成以下幾種：

1 的N次方＝1，這是「負責任」的人（Responsible person）。
（$1+0.000001$）的N次方是無限大，這是有熱情的「有擔當」的人（Accountable Person）。
（$1-0.0000001$）的N次方是零。這是「失責者」；（Loser）。
（$1-0.0000001$）$\times 5 \times$（$1+0.000001$）的N次方還是無限大。這是「轉型者」（Transformer）。

負責任的人凡事只求把事情做好，是標準的上班族，朝九晚五，凡事不求有功，只求無過。當責者（Accountable person）要求自己要超越老闆或客戶的期望，把每件事當成自己的事在幹，建立自己的品牌。也許只是超越一點點，但是在別人的眼中，這個人「靠得住，信得過，有擔當」。

失責者是凡事馬馬虎虎，是標準的「差不多」先生，在別人看不到的地方偷一下懶，馬虎一下，日積月累，就成了這種人；在別人的眼中，他們「靠不住，信不過」。

最後是轉型者，他們可能先前馬虎偷懶，但過一陣子後覺醒了，（5只是代表一個有限的次數）完全改變態度，做一個「有

擔當的人」，要超越期望，在別人看不到的地方要更努力，因這是為自己而做的。有動機，有毅力，不只人們要給他們機會，連數學公式都接受得了這種人的轉變，並給予祝福。你是屬於那種人呢？差別可能只有0.000000......1，但在生命的旅程，它可改變你我一生。

5%：社會的精英族群

有一句老話說：「立志為善由得我，但行出來有不得我」，我們有太多的「立志，目標，理想」，但是能做出來的不到百分之五。我們「想的」、「說的」和「寫下來的」到「做到的」，中間有很多很多的鴻溝與攔阻，這需要很大的個人意志力來跨越。

我在每一場講演或培訓課後，會有一段時間停下來給聽眾問自己這三個問題：

由講演內容你學到什麼？舉出三個例子。

你如何應用在你身上？

何時開始啟動？給自己一個承諾；能說到也能做到的人，不到百分之五，你是那百分之五的人群嗎？這是你的選擇。

一萬小時或十年功夫

美國暢銷書《異數》，原文版書名直譯是「門外漢或局外人」副標題是「成功之道」，書內談到人們學習每樣新的技能，可能是電子，音樂，藝術，工藝……等，要能成為行家，至少要花一萬小時或十年苦練的功夫，我們看到「朗朗」在奧運上的表現，他年紀輕，但有誰知道他每天花多少時間在練習呢？要成

功，就要從我們自己能改變的地方開始著手：「要勤奮」苦練功（不一定是「練苦功」，如你有目標興趣或熱情），願付上代價，要專注，肯犧牲自己其他的興趣和嗜好。今天在快速的網際網路的時代，雖然資訊收集所需時間大大減少了，但要做好一件事，成為行業的專家，這自我「練功」的努力還是不可少，你同意嗎？

40天

在心理學裡頭，這是一個奇妙的數字，這是一個人的轉型至少要的天數：40天，由自我認知到決定改變需要的天數。有些事急不來，特別是心理行為的轉變。我在學習成為教練的過程中，請了兩位資深教練來幫助我。我本來的目標是把它當成一門課，上完就沒事了。但這些教練基於專業的職業道德，不允許我急速帶過，要40天才能達成我改變的目標：「學習會聽的能力」。不斷的反覆，「自我認知，決定，改變」由行為改變成為習慣，最後變成個性，才算成功。給自己一個承諾。每兩周和教練談一次，不能急，確定我已有改變，並變成我的習慣，然後再往前行，一次一個目標。

這是我們立志在「思想及行為」改變所需要給出的時間。要能「自我認知，要決定改變，要啟動改變，要不斷練習，成為我們的習慣，成為新的性格」，經歷40天，開始啟動轉型，我們可以改變自己——如果你願意。

六度差

我們和成功人士的差別距離在「起初時」其實並不大，只有

六度差。

我們的思考，行為，社群活動，性向……等，如果及早發覺，做決定改變，我們可以走在自己規劃的道路上。

很多人自認為我不行，我比別人差，我沒有機會，這可能都是事實，但如果我們換個角度想，也許我們有很多的優勢是他人沒有的。別擔心比不過別人，我和他人的距離只有六度差，只要我願意，隨時可回轉，機會還是為我開。

生命有很多的磨練，苦難；態度轉個彎，你會看到另一個「新天，新地」，充滿著激情，平安喜樂。這都是我們的個人選擇，你認為呢？

RAA 時間
反思Reflection 更新Renewal 應用Application 行動Action

1. 我在這章學到什麼？（Reflection）
2. 我對哪段資訊特別有感動？（Reflection）
3. 我決定怎麼應用到工作上？（Action）
4. 什麼時候開始第一步？（Action）

幫人看見自己的幾道光
——教練的百寶箱

一位高階主管花了半個小時來介紹他是如何的有效溝通,最後
教練開口了,「你要付雙倍的價錢來學這門課」,主管問「為什
麼?」,教練說,「別人學溝通是一門課,你學溝通是兩門課:
一門是學會如何教你閉嘴多傾聽,另一門才是溝通。」

在這一章裡我們要介紹一些較常用的教練技術，這些技術可以應用到各種教練情境，包含個人轉型教練，生涯規劃教練，中階主管轉型教練，多元文化教練，高層主管教練，團隊建造教練……等。教練型領導人可以選擇合適的工具參考使用，就把它當成你的工具箱吧。

要能靜下來：但熱情不變（Stop）

這是一項修練，要能夠掌握快與慢的訣竅。在思考，做決策時要能耐住壓力，要能靜下來，但在啟動執行時，要能夠快，越快越好。給你的顧客一個「哇」的驚喜，給你的競爭者一個措手不及。

靜下來，「STOP」是指在關鍵時刻：

「退後一步來看事情」（Step-back），

「要思考」（Think），

「想透了再做決定」（Organized），

「往前行，不後悔」（Proceed）的心志。（圖7.1）

圖7.1 │ 停、思、決，再行動 │

正向積極的心態：我很不錯

　　做一個領導人每天出門前最重要的事是給自己一個「陽光心態」，一個溫暖的笑容，那你會在路上、辦公室充滿著笑臉，直到一天的末了。如果一直是以「為什麼最壞的事情都發生在我身上？」的「苦瓜臉心態」面對你的員工或顧客，那你的世界也是灰暗的，你會看不到辦公室裡的微笑，你心裡充滿著「怨恨，苦毒，抱怨」，你能做的是一個「管理人」，別人體驗不到你的關心，傾聽，激勵，欣賞，引導態度，這將是痛苦的一天。

　　全球最會賣車的銷售員喬·吉拉德談在經濟不景氣時，汽車城底特律「空城似的氛圍」時，他的建議是「當你喪失了信心時，你就成了死人。」而要怎樣才能找回喪失的信心？首先得有正向的心態，什麼事都難不倒你，像他每天一早起來，就會對著鏡子說：「你很棒，你真的很棒！」他果然很棒吧。

　　現在絕大部分的人都會叫：「哇，情況很糟，很糟。」但你想到情況很糟時，通常什麼事都不會做了。因為你已喪失正向的心態。當你喪失正向的心態，你就變的臭不可聞，人人都離你遠遠的。如果你只跟那些失業，失意的人打交道，又或者不停的想已經發生的倒楣事，跟這些相處久了，你就會聞起來像個垃圾桶一樣。你要擁抱正面思考的力量，或是擁抱臭不可聞的力量？這是我們的選擇，每天睡前，吉拉德總要回想今天做到什麼、沒做到什麼，及希望做到的。如果能誠實的對自己說這些事情，你就能以自己為榮，不需要依賴別人的肯定。要知道，一個成熟的人，不需要靠他人一直來肯定你，要能自己激勵自己。

要能全神貫注：我選擇現在專注

我們生命的成就決定於選擇和專注。我們如果能排除雜念干擾而專注在一時做一件事是可喜的。我們的生活和生命太複雜，能將自己的心沉澱下來是不簡單的能力和習慣。

作為一個教練型領導人，在與員工交談前，我們要用幾個方法來達成這個目的，但還是要能得到員工的支持。

第一：先深呼吸一口氣，讓你的心跳慢下來；最好能聽到你自己的呼吸聲。

第二：報到（CHECK-IN）：請學員講一句話來表達他目前心中的感覺：如「我好極了！」、「我好高興！」；目的是讓他靜下心來面對你說話。

第三：清理出心裡空間（CLEAN THE SPACE）：這是一個有意識的對話，要能夠雙方面都說出來；

比如教練說：「我剛在忙一些報告，明天要交卷，但我決定現在將它擺在一旁，靜下來專心聽你的談話」；學員說：「我要準備明天的出差，還沒完全準備好，今天還有幾個會沒開，有些擔心，但是我決定現在將它擺在一旁，靜下來專心和你交談」。

唯有能夠靜下來，全神貫注，這個交談才會有效果。

要能專心傾聽（Full presence & Listening）：我聽懂了

有一個企業高層主管找一個企業教練學「有效溝通」，在第一個小時這位高階主管花了半個小時來介紹他是如何的有效溝通，最後教練開口了：「你要付雙倍的價錢來學這門課」，高階

主管問：「為什麼？」，教練說，「別人學溝通是一門課，你學溝通是兩門課：一門是學會如何教你閉嘴多傾聽，另一門才是溝通」。

我們現在對「精英人才」的定義是「能說，能快速決定」，今天教練們要教導的是「少講，多聽，慢決定，快行動」。這是一個領導力的轉型點，你決定走哪一條路呢？

有效溝通有幾個要件：

雙方有坦誠表達觀點的意願，要有個安全的環境和信任，要能平等，尊重，理解，有同理心的心態來交談，企業領導人這時要很清楚的轉換你的角色。

能否有條理的做精確陳述？將感覺，看法清楚的說出來。

這是學員的時間：多說「學員」的事和感覺，少說「教練自己」的故事。以我的經驗，當教練講話的時間超過百分之二十五時，這就不再是個教練型的交談了。

做個好的聆聽者：這是個重要的能力，我要以幾個重點來說明這件事：

第一：不要打斷學員談話，在你問問題以前，一定要針對前一個主題再問「你還有話要說嗎？」

第二：要有同理心，不做任何評論，多說「我瞭解你的想法」，「我瞭解你的感受」，「你的想法很特別」。

第三：聽他（她）說的和沒說的語言。當在面對面對談時，教練要有能力查出學員心理隱藏的感覺，找機會鼓勵他（她）說出來，不做任何評論。

第四：要互動回饋：要鼓勵學員說出來，要能確認說不清楚的，要能用不同的角度解讀學員的感覺（最好能主動為他拿去那指責他人的部分），以好奇的心態瞭解動機，給予激勵支持，鼓勵往前行。

第五：不預設立場：我們有太多的「濾光器」，常常看不到自己不喜歡的話或事或人，但對一些話事人則特別敏感，要先能聽進去，不要做判斷，不預設立場。

教練和學員的溝通和傾聽是有「企圖心和目的」的，它不是一般的交談而已，它是深度傾聽和交談。我們中國字的特色就在他的結構，「聽」這個字是由「耳（加）四（個）一心」，四個一心是「專心，用心，愛心及好奇心」。

鼓勵學員說出來，要聽得懂：要多用「還有呢」，「還有嗎？」，多用停頓的空白，讓學員能完全的說完。這必須在有自知的心理狀態才能做到。

要能釐清學員說不清楚的話：「講清楚」本身就是一個「頓悟」關鍵時刻。比如學員說「我好累」，他可能是「體力累了」，也可能是「精神累了」。

以不同的角度來詮釋學員的話語：將學員的感覺用另個角度來說，但是教練要將「指責他人的成分去除，面向自己的需要」，比如學員說：「老闆不喜歡我」，教練可以換個角度說，「是他在你很忙時給你這個新項目嗎？我可以瞭解你的感受，但這項目不是以前你最喜歡的嗎？」

以好奇心來瞭解學員的「企圖心」：為什麼？

給予確認，激勵。

鼓勵往前行：要讓學員能做出計畫和行動。

提「有效問題」的能力：是什麼？為什麼？憑什麼？

新一代領導人必須具備的幾個人格特質：要能傾聽，要聽得懂，要有好奇心，要能問有效的問題。藉由提出有效的問題，找到更佳的思路，才能做出最好的選擇；好問題本身就會帶來好的答案。

有一個人有懼高症，他的教練朋友問他：「為什麼懼高呢？」

他說「我怕掉下去，」

「是不是每一個人都會有懼高症呢？」

「不是，」

「那為什麼有些人會有懼高症？」

「我也不知道，」

「你可以有選擇！當你告訴自己我不會掉下去，這兒很安全時，你試試是否還是會懼高？」

果然，那人就不再懼高了。教練幫他打開了一扇窗，點亮自己的陰暗處。

問問題是一門學問，這有幾個關鍵技術：

好問題來自於「好奇心」。

好問題來自於「不同角度」的看法。

好問題來自「更深更廣更高」的洞察力。

好問題來自於學員的「想說但說不出來或沒說的語言」。

企業常常對新產品新市場做市場調查研究，我們必須瞭解

到目標顧客對商品的「想要性」、「必要性」以及「急需性」，這關鍵決定在「有效的問題」，比如說你在做一個名牌高檔、設計新潮皮包的市場調查研究，而你去問消費能力還沒那麼強的年輕女孩，她們一定說「要」；如果你沒再問有效問題，你會陷入「在非洲賣鞋子」的那類研究結論：「非洲人都沒有穿鞋，所以賣鞋市場很大」。

我們常常憑著一些簡單的訊息就做判斷，這真有如「瞎子摸象」，我們凡事不要太早做結論。

有一個心理學教授在一個新學期第一堂課，在黑板寫了兩個字：2和4，他問同學「結果是多少？」同學們都爭先作答，有人說：「6」，「不對」，「那8」，「也不對」，「那-2」，「也不對」，「那是多少呢？」，「你們根本沒問這是什麼題目」。

我們有太多的「潛意識」、「潛規則」或叫「老經驗」，我們聽到許多人在做決策時說「這行不通」，我也看到企業家第二代在開始接班時的挫折，縱使用了MBA策略規劃分析，做出來的最佳決策，老爸一口就否決：「這不可行，相信我，我吃的鹽比你吃的飯還多，這不會錯」。

我們再看看幾個案例：用中國人和外國人的不同角度來看，會有不同的結論：

綠帽子：一個企業到海外總部定了近五千頂帽子預備辦活動，收到後發覺全是「綠帽」，只好全丟了；你知道為什麼嗎？

吃狗肉：保護動物的說吃狗肉不人道，廣東人和韓國人卻說，「我們養狗就是為了上桌，和你們養牛吃牛排沒兩樣」，你認為呢？

4：在中國人的世界，很多大樓沒「4」樓。

13號逢星期五：黑色星期五。

顏色：紅色，藍色，綠色，黑色……，在各國都有它的獨特意義。

我們是否常會以「潛意識」或企業內的「潛規則」在做決定？用我們的自動決策系統在運作，而少問了自己幾個較深入的問題？

有一本書叫《QBQ：問題背後的問題》，我們要能問「問題背後的問題」，有個故事是這樣說的：

一個電視兒童節目採訪一位小孩，「你以後長大要做什麼？」，「飛行員」，「如果有一次你飛到一半路程，飛機沒油了，你會怎麼辦？」，「我會馬上叫旅客繫好安全帶，之後我會跳傘出來！」，當大家都把它當作小孩子的笑話在開懷大笑時，主持人看到了孩子的眼淚，他問：「你為什麼哭啊？」，小孩說「我要馬上去拿燃料，我還要回來，我必須回來！」，這是問題裡的問題，這主持人找到了孩子的真情。我們在與人交談時也是如此，要能「看到」學員的心聲，多問一個「有效」的問題。

開口問自己問題，並做思考：
我要什麼？我在做什麼？為什麼？

問有效的問題，本身就帶來好思路，引導出好答案；不只是對他人，也是對自己。

這是一個喚醒自知最好的手段，每次在做重要的決定時，一定要靜下來，問自己幾個問題，開口大聲的說出來，最好還能事

後再寫下來會更好：

是什麼？（釐清問題）

我要什麼？（釐清目標）

有什麼選擇？（選項）

為什麼？（好奇心）

憑什麼？（意志力）

該做什麼？（選擇）

在公開演講的開場時，我常要參加的人閉上眼，問他們自己這幾個問題：

這是什麼樣的一場演講？我知道嗎？

我為什麼決定來這兒？我的期望是什麼？

我決定在這場演講能學到至少一個對我有用的新知識或智慧。

我決定要靜下心來傾聽。

這是我現在的選擇。

已經有答案的舉手？這是「自我覺醒，自我認知」的流程，效果很不錯。

在結束時，我也會在給他們問幾個問題：

你學到什麼？（列舉出來）

你預備怎麼用？

你什麼時候踏出第一步？

已經有腹案的舉手

願意啟動的再舉個手

請你們送個電子郵件來告訴我你預備怎麼做？我陪你們走一程。

這是喚醒自知自我選擇的動作，在時間空間留個空白，進入深度思考，決定採取行動，這是最有效的教練。不只是在重要的事要這樣做，在平常也最好能建立一個機制，「每日，每週，每月，每季，每年」定期的問自己：

我的目標是什麼？

我目前執行得還好嗎？

我有哪些新的選項來更有效的達成目標？

我的決定。

我可能會面對的困難。

我預備好了嗎？

我如何啟動？我的第一步是什麼？

這就是我個人常用的技巧，可以應用到個人的時間管理及生涯規劃，以及企業裡的時間管理，目標管理，年度計畫及企業的中長期的策略規劃裡。

教練型的高效會議：你們認為該怎麼辦呢？

除了一般會議的規範之外，教練型領導人的會議安排會有以下的一些特色：

事先確定要討論的主題：比如「如何增加10% A產品在年輕市場的市占率？」（有如教練合約，目標要明確）

事先提出問題：（提出有效的問題）

我們的定位對嗎？

我們的產品提供顧客需要的主要價值了嗎？

對競爭者的評估。

我們該怎麼做？

其他。

透過以上提問式的討論來激發參與者的深度思考及擔當。領導人可適時的以教練的身份參與討論，提供參考訊息並給予挑戰。

除了寫會議紀錄外，會後要求參與者針對以下三點寫回饋報告：

- 我們的討論哪些對你的工作有價值？
- 你會如何改變你的想法或計畫？
- 怎麼改變？何時啟動？

換個角度看問題：這是好機會

我們都聽過這個故事：兩個人到非洲賣鞋，一個人說「沒人穿鞋，沒市場」，另一個人說「沒人穿鞋，市場大得很」。為什麼會有這麼大的差距呢？你會怎麼想呢？我還聽了一個故事更能傳神：

兩個鄉下人要到外地討生活，一個人準備到北京，一個到上海，旁邊有個人說，「北京人質樸，見了吃不上飯的人，不僅給

饅頭吃，還給舊衣穿，不像上海人那麼精明，上廁所要錢，連問個路都要錢」。這個準備去上海的想：「還是北京好，掙不到錢也餓不死，幸虧車還沒到，我要改去北京」。可是另一個原來打算到北京的也想：「還是上海好，連帶個路都能掙錢，那還有什麼不能賺錢的？我改到上海！」這兩個人就換了車票，一個到北京，一個到上海。

最後的結局大家可以猜出來：去上海的人成功了，因他看到機會。同樣的一個環境，有人看出「機會」，有人卻認為是「火坑」。

在這經濟大變局的時候，你又是怎麼看這世界的？換個「框框」（背景資訊，Context）看事情（Content），你會有不同的想法！（參考圖7.2）

又比如說，我喜歡陽光天氣，不喜歡下雨；可是我最近想通了，下雨對植物是好的，我家的花會很高興，對農民也是好的，

圖7.2 ｜ 換個角度看問題 ｜

自己認為的缺點	由另一個角度看
農村孩子	我勤奮耐勞吃得了苦。
我不會唱歌。	我說的比唱的好聽。
我木訥。	我真誠正直又純真。
我沒運動細胞。	我是最佳的啦啦隊員。
我不喜歡雨天。	下雨天真好，大地一片青翠。
消極，頑固。	深思熟慮，擇善固執。
喜新厭舊。	對流行敏感。
沒有衝勁。	謹慎。
陰沉。	穩重。

農作物收成會好些，故要感謝下雨，我開始欣賞下雨天。或者是，我買了個貨品，拿回來發覺有些功能不能用，心理好氣；可是心想我出錢，使工人有事幹，也未嘗不是件好事，況且那些功能我也用不著。

在英文也有個字可以不同看待，Resign 它原指「辭職」的意思，可是將它拆開看，RE-SIGN 就變成了「重新投入」的意思；換個角度看問題，化阻力為助力。

角色的轉換：我是領導人，我也是教練

領導人在辦公室的角色和責任是清楚的，員工也認同，這是不能改變的，就好似做父母的，在孩子面前總是父母的角色。雖然因人而有些不同，但是「潛規則」裡它是一樣的；領導人有決策權；企業目標的制定權以及對員工的考績及薪資有絕對的發言權，這些是他們與員工間的「無形疆界」，那如何扮演好「教練者」的角色呢？

這就是「角色轉換」的技術。

我舉一個例子來做說明。

一個團隊領導人在面對團隊成員在溝通團隊目標時，他開始會說：我們企業對我們團隊在今年的期望是「業績成長20%，新客戶開發十個，新產品占今年營業額30%」。我想和各位來一起探討：

對這個目標我們的感覺怎麼樣？還妥當嗎？貼近實際嗎？大家表達一下各位的感受。

它和我們團隊自己目標的差距有多大？為什麼？

我們願接受這目標嗎？

如果接受，我們可能面對什麼困難？

我們需要哪些資源？

我們準備怎麼做？

何時開始啟動？

在宣佈目標時，他是領導人，當進入討論時，他可以轉換成教練，用教練技術參與討論。當企業領導人要以「教練」的角色參與團隊討論或與員工一對一對談時，他要讓員工很清楚的知道「我是教練」，「我以平等的位置參與討論，我會傾聽你的想法」，這是員工的時間和專案，員工必須決定並負責。

而領導人的參與或提供訊息是：「提供所有他個人知道的可能選項」來幫助團隊提高目標及決策品質，最後還是要員工對自己的決策負責，這是聯想的所謂「務虛會」，不是「業務檢討會」。

作為一個「專業教練」，也會面對這個機會，當學員的能力爬升到一個地步而沒法做突破時，教練可以「轉換」角色，參與「腦力激盪」的訊息提供，讓學員有多些的選項，再轉回做企業教練的角色；在提供訊息時不要加添個人意見，也最好提供多個訊息加進學員的選項裡，否則學員常會誤認為這是「命令」而忘了自己的責任。

如何做「有效溝通」？我不關心，所以我不知道

溝通有好幾個層次，比如說企業要進行一個「新專案」，領導層已經對員工宣佈了，這是員工的可能三種反應：（圖7.3）

第一：我不知道。（這不關我事，我不關心；也可能是被員工自己的偏見濾掉了）

第二：我知道，可是我不喜歡它。（對事件的排斥或恐懼）

第三：我知道，可是我不相信會成功。（我對領導人的不信任，所以我把我的面具帶上）

面對這些典型的反應，先要「靜下來」，我曾提到要停下來「停，思，決，再行」，這是一個實例的應用。

在面對新的改變，我們會抗拒反對，可能是基於我們所「看到的，聽到的」，變成我們的直覺反應，為了我們的安全需求，我們可能「帶上面具，避免見面，退縮，閉口不言」，有些人則會「控制，攻擊，貼標籤，甚至暴力相向」。

圖7.3│有效的溝通模式（1）│

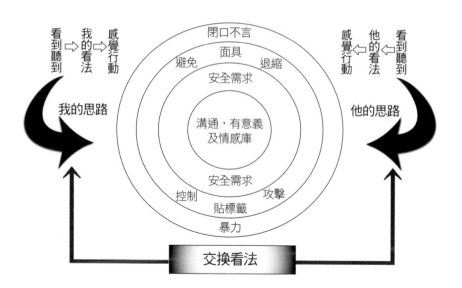

你可以用的最好解決辦法是：（圖7.4）

慢下來，靜下來，開始與自己對話：我要什麼？這是什麼？

由不同的角度看問題：如果我站在他（她）的角度，我會這麼想？

主動的和對方交流，多發問，傾聽對方的意見。

對一些不同的部分，保持好奇心，多發問，澄清動機及看法。

先確認相同的部分，也瞭解不同的部分。

圖7.4｜有效的溝通模式（2）｜

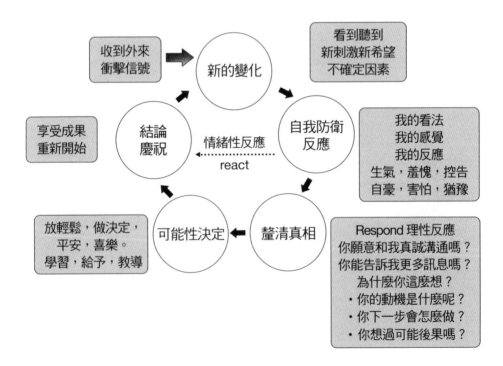

處理不同的部分：我知道你不同意或不喜歡這個部分，但是你知我的責任必須完成這任務，請你告訴我我們怎麼合作來達成使命？

最好的方法是在較輕鬆的場合來交談，不要太嚴肅。

員工對多數的改變是抗拒的，因為他們必須離開「舒適區」來面對不確定的未來，他們戴上面具，但很多領導人卻認為「大家都同意了」。這是我常用對抗拒的測試問卷：

你知道有些改變要發生了嗎？
你同意這些改變嗎？
你個人的反應是什麼？
你認為我們的領導可以帶領我們做好這個改變嗎？
還有哪些事或訊息你想和我分享的嗎？

只要對企業內部員工做不記名的面試，這些問題就會快速的浮現，但是大多企業內的領導人卻沒法發覺。

面對改變（轉型）時的阻力：發生了什麼事？

1941年12月7日，一群日本戰鬥機由航空母艦起飛，直奔夏威夷的珍珠港，還距飛抵有50分鐘航程時，美軍的兩個雷達兵看到雷達銀幕上出現了許多小光點，他馬上報告他的長官，這個年輕軍官沒有看清楚就立刻判斷說「不必擔心」，然後悲劇就發生了，美軍死傷無數，也使得美國進入戰爭，美國總統羅斯福說：「這是我們蒙羞的日子」。這是由於在最關鍵的時刻，他們

在工作崗位上做出錯誤的判斷，使得國家捲入戰爭。

這些雷達裡的小黑點，可能就發生在你的企業每天的運作裡，它們是「改變」，出現在最關鍵的時刻，可能在你的工作，家庭生活及個人成長機會，我們有沒有覺醒？進而做出正確的判斷、選擇，並及時採取行動？

1990年南非總統宣佈解除「種族隔離政策」時，如果你是一個南非人，你會怎麼反應？當鄧小平在1978年宣佈改革開放時，如果那時你已成年，你會是如何反應的？在中國，早期的創業家常有一句順口溜「不小心就賺到了第一桶金」，這些企業家當時曾對這事做出反應。

在今天，我們全球同時面對許許多多的問題，許許多多的大小黑點，你會如何決策？我們常說「時勢造英雄，英雄造時勢」，這正是「造時勢的英雄」出現的時機，那是你嗎？

當企業預知到問題或機會而必須跑到前頭時，你必須要有一個「認知—試點—全面啟動」的流程。（圖7.5）

同時你的團隊可能暫時會跟不上來，甚至於會有抗拒的心態，因為他們必須離開「舒適區」。

最好的方法是用我們介紹過的「有效溝通法」，與他們溝通領導層所看見的願景以及分享如何改變？

首先，要談為什麼必須改變？這時候這些基本溝通問題都必須謹慎處理：

第一：我不知道。（「有聽沒有到」，不關我的事或逃避，除非它是必須參與）

第二：我知道，可是我不喜歡它。（對事件的排斥或恐懼）

第三：我知道，可是我不相信會成功。（我對領導人的不信任）

圖7.5 | 改變的正循環 |

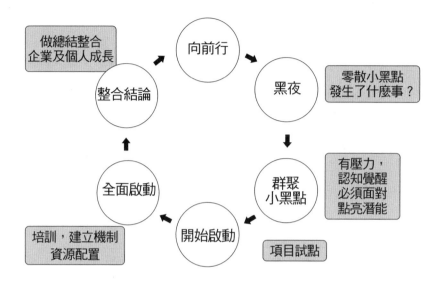

對這些問題如何處理呢？方法是用「五個I」：

Invitation（邀請）：邀請認同的人與團隊參與。這是我們在第一階段「項目試點」要的人才。

Involvement（參與）：一起來規劃參與，這是「我們的專案」。

Inspired（被激勵）：團隊成員間的激烈和互動是最有效的激勵。

Incentives（有獎賞）：不要忘了在項目結束後有個小小的慶功會，這是心理上的一個總結！

Informed（告知進度）：讓每位參與的人知道這些項目的進

展，對個人及企業的好處，預備下一階段的「全面啟動」。

　　同時，領導者也必須要用積極正向、有建設性的態度來面對員工的阻力；可能的方法是：

　　在早期的時候很敏感的察覺那些阻力的「小黑」點。

　　即時釐清問題的所在，由對方的角度了解差異性。

　　確認雙方能共同認同的基礎或動機。

　　調整自己的態度及語調面對對方。

　　請對方坦誠的說出他們的想法及感覺，並允許回饋直到瞭解為止。

　　講出你的想法及感覺，並允許回饋直到瞭解為止。

　　一起合作確認問題在哪兒？為什麼發生？可能會造成多大傷害？我們願意讓它發生嗎？

　　一起合作確認共同的目標及行動方案。同意哪些必須要犧牲？哪些要重建？

　　事成功之後，要有個慶祝儀式，分享成功榮耀。

自我管理：昨天，今天和明天

　　生命的成功是我們一生不斷的選擇和專注的結果；一個好的領導人在開始領導他人前一定要能夠管理自己。

　　一個成功的人曾與我分享他成功的小秘密；他每天花75％的時間在做他擅長及有熱情的事，20％的時間嘗試一些新的領域，他要離開舒適區給自己一些挑戰，最後5％才是面對自己的軟弱，他會做的不是為這些弱點哭泣，而是問「誰能幫我忙？」或

是「轉換思路」，面對現實、樂觀以對。

　　我有一個生命導師，他教我一個重要生命的律：「只專注在那些（現在）你能改變的，以平常心接受那（現在）你不能改變的；但你要有智慧分辨什麼是（現在）你能改變的，什麼是（現在）不能改變的」。他還教我另一個更重要的律：「一顆大樹始於一粒種子，但種子並不具備長成大樹的資源，這要靠樹木的成長環境。種子是關鍵，但在它的生命中要能有能力組織並應用外在的資源才能長成大樹」。現在做不到的，不一定在明天也做不到；小樹苗很容易被折斷，但慢慢長大了，它可以扛得起一頭大象。我們曾觀察小麥成長的故事，每天觀察是沒有太多變化，可能只有1%，可是在兩、三個月後，它就可以收割了。

　　所以，在自我管理的主題上，我們要專注的是問自己：（圖7.6）

　　哪些事情對我才是重要？哪些事要優先做？這是價值觀的問題，它也隨著時間空間在變化。
　　定期反思及更新的機制。

　　我們每天有太多的事圍繞在我們身旁，我們必須經過「A‧C‧E‧R 及 GROWS 2.0」的流程，要靜下來，要能喚醒自我，問自己「我現在要達成什麼目標？哪些事對我現在重要？」將它變成你的習慣；我每次在坐下來時，會在隨身帶的筆記本寫下來：「我現在要做什麼？」

　　哪些事重要？什麼是我自己的反思更新機制？在企業內有年度，半年度，季度的目標計畫機制，之後才談到月目標以及個人

的時間管理。

在圖7.6裡，列出了一些重要的內容，比如「使命，價值觀，遠景及熱情」和「中長期計畫」，這至少每六個月到一年要反思更新一次，特別在這高速變化且不確定的時代，更需如此；然後才是季度的「目標管理」及行動方案。

除了價值的管理之外，還有兩個重要元素是必要考慮的：能量管理及平衡的生命。

我們常被「時間管理」的名詞誤導，管理「時間的切割」不會產生高價值或高效益，重要的是「管理能量」，在精神能量或熱情最高的時候做對的事。

再其次，要能平衡生命，不要只專注在一件事上，而忽略了生命的平衡；我幫助過一些年輕人，太過專注在事業上，而錯失了婚姻或造成婚姻的危機。

圖7.6 ｜ 自我管理 ｜

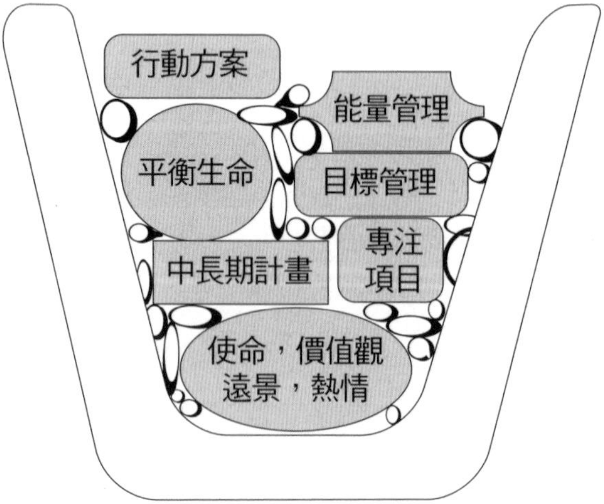

最後，我分享一個馬拉松冠軍選手的故事；有人問他怎麼能這麼快速的達到目標？

他說：「我的秘密很簡單，我一次只設定目標為一公里，專心跑好每一公里」。我們的生命也是如此，有人說我們生命裡只有三天「昨天今天和明天」，總結昨天，努力今天，預備明天，這是成功的秘密，你認同嗎？

差異性：黑色的氣球會不會飛？

一個黑人小孩看著那五顏六色的氣球發呆，但是他就是沒看到一顆黑色的氣球，他就問那小販：「是不是黑色的氣球不會飛，所以你不吹黑氣球？」小販回答說：「氣球會不會飛不在它的顏色，而在他裡頭有沒有充滿了氣」。他就順手吹了一個黑氣球給這個孩子。

一個人會不會成功不在乎他的膚色，種族，語言，性別，籍貫，學歷，背景，宗教，家庭，經驗，行業，年紀……等。而在於他（她）自己的認知以及PCA裡的8P、8C、8A、8Q人格特質和能力。

在企業裡也是一樣，做一個（全球化）領導人，我們怎麼面對這些差異及領導？

AWARE，要認知差距，不要隱藏或逃避。

ACCEPT，要能接受，尊重，能包容，平等對待，在組織內沒有次等公民。

ADAPT & ADOPT，要能互相瞭解適應，接受並學習對方的強點，補足他的弱點。

INTEGRATE，要能整合成為互補團隊。

LEVERAGE，運用差異，要能協力互助，發揮所長，一起達成目標。

OPTIMIZE，借力使力，優化這些不同的資源，成為組織優勢。

這些能力在今天特別重要，「教練型」企業文化不在強調「標準化」，而在「個性化，特色化及互補性」。比如說，許多的企業在中國市場的經營都分成許多的網格，有一百個網格，有兩百個網格的，行銷的區分不只在用「行政區塊」，更重視的是「消費者行為」的差異化。

我們在上海與「長三角」的主要城市調查研究，可能差距不大，可是越往中國市場西行，差距越大。在歐美也是一樣，這是市場的「細分」。對「教練型」領導者，也必須有此能力，才能讓每個人各展所長，強化團隊的綜效。

「時時更新」的能力和機制：這怎麼可能？

讓我們來玩玩一個遊戲，如何用「四條線將這九個點連接起來」。有些人可能會說「這怎麼可能？」（圖7.7，答案在本章末）

時代在變，外在的環境在變，「變」的動能是有技術，經濟，市場，政治，法律，環保，社會條件。鄧小平曾說過：「改革是不變的硬道理」，這是真理。環境在改變，以前不能做的，現在可以了，以前非法的，現在合法了，以前做不到的，現在做得到了，現在有更多的自由度了。

比如說：以前和朋友通一個國際電話，講不到一分鐘就要提

圖7.7 │ 4條線連9個點 │
（答案在本章末）

醒對方要結束了，電話費太貴；可是在今天不管你在世界那個角落，你儘管講個夠，不需要、或只付少許的錢。

所以，我們得要有一個心理機制，定期問問自己：

我的假設是什麼？它還真嗎？

如果不真，那什麼是真？（更新自己的潛意識）

針對主題，要定期清清自己的「潛意識庫存」，哪些還是對的？定期面對自己，自我更新及寫日記是好的方法。

哪些要丟棄？要更新了？

哪些是我不知道的？要新學習。

然後往前行。

我們人常會有「貼標籤」的潛意識行為，領導人對這個行為要特別小心，我常會聽到有領導人會說「這個人不行」，我問他「你一個星期有多少時間和這個人在一起？」，他們常會說

「很少」，那我會問「你憑什麼做這個判斷？」，他會說「憑印象」，我會再問：「那他的直屬主管是怎麼說的？」，結果可能和他的想法不一樣。

對大事或對人的事我們要自我認知，不要完全依靠內心的自動決策系統（直覺或潛規則）；必須要覺醒，要再驗證，才不會錯殺一個人才。

一個80歲智者給你的一封信

你能想像一個「80歲的你」寫一封信給「現在的你」，你會給這個「年輕人」什麼建言？

你會期望他（她）什麼？這是一個很有趣的題目，大家靜下來想想，甚至於書就此打住，先把這信寫好，這可能是你生命的另一個轉捩點。

當你80歲了，生命必須做個總結了，你會問自己：
我的人生追求的目標是什麼？
我生命的意義是什麼？
哪些是主要的（不可少的）？重要的？不重要的？
哪些事急？哪些事不急？

在第五章的圖5.11：「幸福指數圖」裡，在「必需：有（感恩），不需：有（慷慨），必需：沒有（努力專注），不需：沒有（自由）的國度裡，你花多少時間在「努力專注」，有多少時間給自己「自由空間」呢？你可以享受「感恩，慷慨，自由」。如何重新來調節你生命的專注和節奏呢？

一個美國CEO曾和一位墨西哥漁民有一段有趣的對話：

一個美國商人坐在墨西哥海邊一個小漁村的碼頭上，看著一個墨西哥漁夫划著一艘小船靠岸。小船上有好幾尾大黃鰭鮪魚，這個美國商人對墨西哥漁夫能抓到這麼高檔的魚恭維了一番，還問他要多少時間才能抓這麼多？

墨西哥漁夫說，才一會兒功夫就抓到了，美國人再問，你為什麼不待久一點，好多抓一些魚？

墨西哥漁夫覺得不以為然：這些魚已經足夠我一家人生活所需啦；美國人又問：那麼你一天剩下那麼多時間都在幹什麼？

墨西哥漁夫解釋：我呀？我每天睡到自然醒，出海抓幾條魚，回來後跟孩子們玩一玩，再跟老婆睡個午覺，黃昏時晃到村子裡喝點小酒，跟哥兒們玩玩吉他，我的日子可過得充實又忙碌呢！

美國人不以為然，幫他出主意，他說：我是美國哈佛大學企管碩士，我倒是可以幫你忙！你應該每天多花一些時間去抓魚，到時候你就有錢去買條大一點的船。自然你就可以抓更多魚，再買更多漁船。

然後你就可以擁有一個漁船隊。到時候你就不必把魚賣給魚販子，而是直接賣給加工廠。然後你可以自己開一家罐頭工廠。如此你就可以控制整個生產、加工處理和行銷。然後你可以離開這個小漁村，搬到墨西哥城，再搬到洛杉磯，最後到紐約。在那裡經營你不斷擴充的企業。

墨西哥漁夫問：這要花多少時間呢

美國人回答：十五到二十年。

墨西哥漁夫問：然後呢？

美國人大笑著說：然後你就可以在家當皇帝啦！時機一到，你就可以宣佈股票上市，把你的公司股份賣給投資大眾。到時候你就發啦！你可以幾億幾億地賺！

墨西哥漁夫問：然後呢？

美國人說：到那時你就可以退休啦！你可以搬到海邊的小漁村住。每天睡到自然醒，出海隨便抓幾條魚，跟孩子們玩一玩，再跟老婆睡個午覺，黃昏時晃到村子裡喝點小酒，跟哥兒們玩玩吉他囉！

墨西哥漁夫疑惑的說：我現在不就是這樣了嗎？

生命是一連串的選擇，如果你是一顆在海裡的蚌殼，你會有兩個選擇：一個是將那一粒沙吞下去，忍受一輩子的苦，但結出一粒珍珠來；還是默默的過日子，時候到了，成為人們的桌上食品；如果你是一個存錢的陶器，你會有兩個選擇：一個是選擇做孩子的存錢桶，一天天過去了，主人來將它敲碎，犧牲了自己，卻看到了主人的笑容，還是靜靜的站在屋子一角，默默的過一生；如果你是一堆礦苗，你也會有兩個選擇：一個是忍受高壓，經年累月，千錘百煉，終於成為鑽石，還是成為一堆礦砂，被丟入鍋爐裡燒成灰燼。

我們人也有各種不同的選擇，你要成為什麼樣的人呢？

你要為我的快樂負責

我們每一個人心中都有自己一把「快樂的鑰匙」，但是我們常在不知不覺中將這把鑰匙交給了別人。

我們每個人都有兩個自己，一個是內心的自我，一個是外在的自己。前者告訴你「我是誰？（Being）」，後者告訴你「我在做什麼（Doing），我做的如何？」（圖7.8）

我們常放棄自己的「主權」，而靠別人決定自己的喜怒哀樂。比如說，我們期望老闆給我們鼓勵我們才開心，他人的回饋，考試一定要第一名（要比別人強）否則就是不行，要跳樓。男孩子靠女孩的一個笑容，天空才晴才藍，女孩靠男孩的一個溫存才有笑容。這都是把自己的權力外放了。太太會因先生晚回家而起疑心，或當先生沒笑容時認為自己做錯了什麼？

我們也常以自己為中心，認為世界每一個人應該繞著我在轉，否則就不高興。舉一個例子，李小姐剛剪了一個新髮型，她第一天到辦公室來，直到下班還沒有人看出來，她就非常的不高興，為什麼大家都沒長眼睛？這就是我們一直期望被人肯定才高興，你把自己的主權交出去了。

圖7.8 ｜ 我是誰？ ｜

有尊嚴的自我（自我本相）	我做得如何？
A.C.E.R：我認知，挑戰，選擇和行動。	成功，成就。
GROWS 2.0：目標，有深思有選項，	期望被肯定。
有決定和行動。	權力，名號，特權，財富。
自尊，自我肯定，依事實說話。	被鼓勵，支持。
不和他人評比。	他人的微笑。
謙虛但不看低自己，也不自滿。	第一名，贏過他人。
	別人的信任。
	被愛。

你有這個經驗嗎？不管是你自己，還是面對這樣的員工，做個「教練型」領導人，我們該怎麼做呢？

用Ａ・Ｃ・Ｅ・Ｒ模型喚醒、點亮自己：你是誰？我要做什麼樣的人？

你願走在你自己的路上嗎？你願付上代價嗎？

你自己成功的定義是什麼？是超越自己的目標期望呢？還是必須拿第一名？

你對自己的表現滿意嗎？用一到五分評級，了解如何能做得讓你自己更滿意？

對外在環境的回應：如果外來的評價不符你的期望，你會怎麼反應？這是你的選擇。

做別人的鏡子和回音板

教練型領導人要幫助學員瞭解自己，要讓他們經過深度的交談能看到真正的自己，是鏡子，也是「回音板」（Sounding board）。

經由PCA，A.C.E.R 及 GROWS 2.0模型為主的交談，以傾聽，發問來深度瞭解學員的動機和企圖心。

以「有效的發問」來釐清學員的困惑，讓學員清楚看到自己的位置與需要。

讓學員能「喚醒自己，點亮自己」的思緒。

我們一不小心，就會活在別人的掌聲裡，而忘記了自己，我們會活在自己的自負偏見老經驗，甚至於不承認現實而下不了臺。

我在中國聽說（希望這不是真的）有些人學習時一路順風，過去全都是第一名，但到了北大、清華考到了第二、三名就受不了要跳樓。他（她）們忘了學校也只能給一個第一名，不像歐美只給A、B、C級，更重要的是要學到有料，要能全人發展，有一則人才市場的「潛規則」說「第十名的成就不會比第一名差」。

有些企業為了要留人才，就給很高的職位頭銜，如「部門總經理」，「總監」之類的稱號，為的是滿足人們間的評比，但是他們做的可能只是一個部門經理的工作。面對這種學員，一定要喚醒他們，點亮他們的黑暗，否則他們可能會認為他們是總經理，這個「虛級」總經理可能這就是他們職場上最後的歸宿了。

情商（EQ）：我瞭解你的心情

教練和一般的教導最大的不同在於：「教練會觸及學員的情緒或感受層面」，也唯有能釋放學員的感受，幫助他（她）解除痛苦成分，轉化成正向思路，才是啟動潛能的第一步。那如何釋放學員的感受呢？

A．C．E．R：幫助學員能自我認知，自我評估，找到那個感覺。

能將那感覺清楚的講出來，要能夠用較精確的語言講出來：我們中國人對情感的表達一向不精確，我們可以做得更好：

將那感覺分級：這感覺對你有多嚴重呢？用一到五分評級

這事對你有多重要呢？用一到五分評級。

好奇心：為什麼會有這種感覺呢？

如果不處理，對你的代價有多高呢？

你的選擇呢？

什麼時候踏出第一步呢？

　　情商是一個專門的學科，有好多企業針對這個主題做研究，我們在此不想深入探討。如何能幫助學員很清楚或精確訴說他（她）的感覺是個關鍵，比如說：失望，挫折，傷心，丟臉，孤單，沒安全感，冷漠，壓力，擔心，憤怒，負擔，談不來，侮辱，懷疑，好笨，感激，勇敢，堅強，信心，愛心，開心，高興，無聊，嫉妒，恐懼，焦急，不耐煩，上癮，性，羞恥，拖延，挑剔，消極……等，能講出來，講清楚，這是成功的第一步；然後才開始我們的情商之旅：

　　要能自我認知：要能將自己的感覺「精確」的說出來。

　　自我管理：你怎麼說？要調整好你的態度與語氣，你預備來面對它呢？還是逃避？你的勇氣和堅韌力即將浮現。

　　同理心：如果是面對他人的情緒，那要以尊重的心來傾聽，這是一個服侍他人情感需要的心，這是一種學習。

　　社會關懷：如何建立好的關係，與他（她）合作互動；這是最好解決的方法。

　　個人關懷：對自己；建立自己的自信心，樂觀進取，有彈性，願多學習，有清楚的目標，堅韌不懈，告訴自己我做的事我願承擔後果，我不後悔。

　　個人關懷：面對他人；引導他（她）走入正向溝通或工作環境，幫他（她）用不同角度看問題。

　　深度瞭解自己與他人的心理需求：我的目標，使命及遠景，真誠的陪她（她）走一段路。

學習力：由教訓教導到教練的成長與轉型

教練是一個互動性的學習過程，它也好似跳雙人舞，它的優雅舞姿決定在雙人的溝通及靈活性，有時要帶引，有時要跟隨並給予支持。一個人或組織的成功決定在它的學習力及他們投入的程度。當學習時越有熱情越投入時，學習的效果就越佳。（圖7.9）

圖7.9 ｜ 學習力 ｜

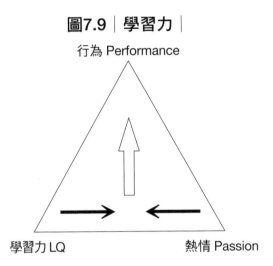

就像在《秘密》這本暢銷書裡，介紹了一個「吸引力法則」：我們自己決定我是什麼樣的人，我是什麼樣的人會決定我能吸引的人才。所以，要轉型成為「教練型」領導人，學習力是關鍵：

學習是一種不斷成長更新的態度及行動。
它會吸引一批願接受挑戰，不斷學習成長的人。

大環境在快速的改變，這將是企業成功的基石。

在一般企業的學習，多是「反應式」的學習或被動式的培訓，由過去的經驗汲取能力。教練式的學習則在「潛能發展」，「向前看」的主動式學習。這也是「教訓，教導與教練組織發展的差異」：（請參考圖 7.10）

有一位一直不願接受挑戰無法突破而自願停留在原工作崗位的員工，經理如何激勵他都沒有用。最後，這位教練型經理問了他一句話：「如果你的孩子為了能保持第一名而不願升級，你願意嗎？」，這位員工最後開竅了。我們企業也是一樣，面對不確定的環境，教練型領導力是唯一的選項，每一個領導人必須勇於接受挑戰，突破困境，面向明天。

抱歉我搞砸了：
做錯事要能道歉，做個有擔當的人

在一個領導層季度彙報裡，總裁對業務部總經理特別不滿意，市占率下降百分之五，業績也沒達成，毛利下降了百分之十，但業務部一直沒採取行動。

對於這樣的狀況，業務部門總經理有幾個選擇：（圖 7-11）

他可以選擇拒絕或逃避，將問題指向他人或別部門，如「成本太高」，「交貨不順」，「品質不好」……等，但最後還是沒解決自己的問題；相對的領導對他會失掉信心及信任。

他可以選擇道歉，承認問題，但是不承擔責任，找理由，如客戶不買，市場不好……等。

圖7.10 │ 教訓、教導與教練 │

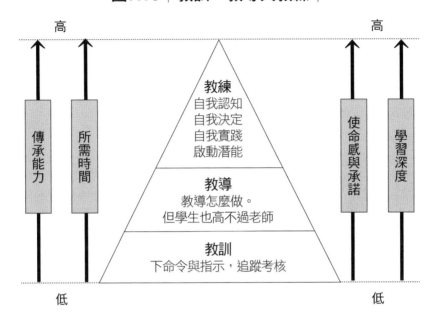

圖7.11 │ 抱歉，我搞砸了！ │

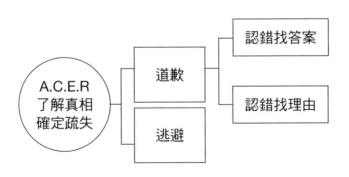

最後，也是最佳的選擇是：認錯，道歉，趕快找出解決方案。

比如美國總統大選過後，一切政治語言及熱情都已消退，人們不再關心他們在選舉時說了些什麼？而更關心他們現在說了或做了些什麼？現在在美國，人們不再關心歐巴馬的「改變」的政見，人們記憶最清楚的是他在初期選擇幾個部長人選時面對的「候選人個人繳稅」問題遇到了一些麻煩，他公開向選民說「抱歉，我搞砸了」。

又如股神巴菲特在經歷了2008年經濟大波動後，雖然企業還有五十餘億美元的獲利，但是對他來說，這是過去四十四年來，他的公司第二次的資產減少，市值降了62%，這對他來說是不可逃避的責任，他在給股東的2008年年度報告書中說：「我做了些愚笨的決定，以至於犯了不可原諒的大錯」。雖然這些事的發生不單單在他們本身的決策，但他們願將這些責任承擔起來，這是「真誠領導人」的風格，他們贏得尊敬和信賴是可以理解的。

最好的道歉原則是：

要及時：越拖久傷害力越大，你將喪失信用信任和關係。

要具體：為了什麼事道歉？要真誠。

要講出你的心情與感覺：我對自己感到很失望。

要承諾：你要改變你的行為，絕不再犯。如果你是領導人，建議給自己一些懲罰，如減去獎金，減少加薪或薪資……等。

圖7.7a│答案：4條線連9個點│

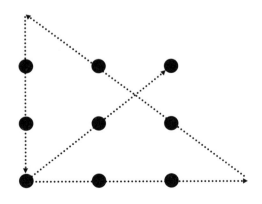

RAA 時間
反思Reflection 更新Renewal 應用Application 行動Action

1. 我在這章學到什麼？（Reflection）
2. 我對哪段資訊特別有感動？（Reflection）
3. 我決定怎麼應用到工作上？（Action）
4. 什麼時候開始第一步？（Action）

8

COACHING
BASED LEADERSHIP

太多時候，你總需要一場
談話——教練的各種角色

我們每一位企業經營者都需要一個企業教練……，除了團隊決策之外，我還是要好好靜下來想一想，並和我的教練談談，他會用不同的角度思路讓我對自己的決定做最後的審視，讓我更有信心去執行。

——美國某位財星五百大企業總裁

在這一章，我們要用一些應用案例來進一步介紹教練的幾種應用及其價值，包括了：

教練是企業內學習活動的一環
生涯規劃教練
人生轉型教練
創業教練
創新教練
績效改善教練
高層領導教練
團隊教練
企業變革教練
接班人教練
家族企業或創業者接班人教練
跨文化教練
人生下半場轉型教練

教練是企業內學習活動的一環

2008年，英國的《人事管理評論》報導了一個培訓投資報酬分析：如果只做培訓，效益是22％，如果培訓再加上教練，效益會提升到88％。而著有《UP學》一書的管理專家馬歇爾・葛史密斯（Marshall Goldsmith）也在一篇研究報告上指出，如果「培訓」加上「教練」再加上「追蹤」，其效益會提升得更高。在肯.布蘭查組織的調研裡，這些資料更具體的用圖表來陳現出

來。（請見圖8.1）

　　培訓是知識的傳授；教練是針對個人的需要再做深度的互動學習，學「思路邏輯」學「架構」學「做決策」，是有意識的「認知，決定，承諾和實踐」；追蹤是針對學員的承諾再做進一步的分享及「前饋」（Feed-forward），它是「RAA」的動作；它也會 使用VIA（Value In Action，價值啟動法則）：讓一切由零開始，決定哪些要延續，哪些要捨棄，哪些要新學，然後再往前行。

　　可見，「培訓學習，教練，追蹤」是一套最有效的個人深度學習法。

生涯規劃教練

　　我們每個人都有夢想，它是多元的，也是變動的，它需要有多元因素考量的決定。比如婚姻及家庭計畫，事業發展，朋友關係，對收入的期望，對個人成長的期望……等；它們也隨著我們的成長在改變。很多人活在不自知的生命裡，「如果我不做決定，他人將會為我做決定」，如此我們的生命就會很被動，很沒有成就感。

　　當我們在談「生涯規劃」時，要先做到自我認知，我們的夢想或目標常常會受這幾個方面影響：

　　評比：我要比他人好，我要贏。

　　需要或不滿足：這可能是創新或創業的來源。

　　熱情或理想：我有個夢，我要實現它；這是面向自己，也面向未來。

圖8.1│培訓與教練的效益成長│
資料來源：Coaching in Organization, p.118

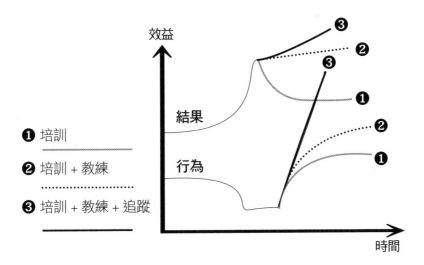

　　我常常用這個圖表來做「生涯規劃」討論的引子。（下頁圖8.2）而教練也可以用PCA，A・C・E・R，GROWS 2.0，6D等模型來問學員一些問題；

自我評估：

針對8A、8C、8Q，你對自己的認知有多少？

用MBTI、EQ測試，增加對自己的瞭解。

360度評估：你的朋友同事和老闆對你的評估又是什麼？

自我認知：

你對MBTI、EQ的測試結果，與你對自己的瞭解，有覺得驚奇嗎？是哪些部分？

圖8.2│我的理想我的夢│

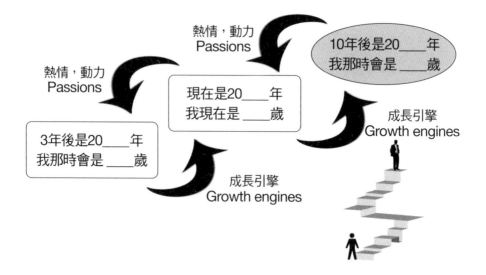

　　你對自己未來三年，五年，十年的夢想和目標，有清楚的概念嗎？是什麼？

　　什麼是你的使命宣言？價值觀？你的願景？熱情？你的目標與它們相契合嗎？

　　說說你自己的強項，弱項，機會及可能的限制點（SWOT）。

　　說說你自己最有興趣有熱情的事。

　　你在那個位置？（參考第六章〈人生有許多十字路口〉），說說你對自己目前狀況的感覺？滿意？還是要加油？

　　你有多少資源？（個人能力，財務，人際關係，潛力優勢，支持⋯⋯等）

自我選項：

你對理想和目標，有哪些機會和選項？

針對每一個可能目標，我會有什麼計畫來達成？評估可能要付的代價（困難）和需要的資源。

自我挑戰：

這些目標是你想要的嗎？

你還可以做的更好嗎？目標可以更高些嗎？

你可以更加速達成嗎？

你可能有哪些優勢和缺口？

自我選擇：

哪個目標是你最佳的選擇？是什麼目標？為什麼你選擇這個目標？憑什麼你可達成？

你的熱情和動力夠嗎？

你的最佳計畫是什麼？你的策略，計畫？需要哪些資源？有發揮到你的優勢嗎？

你可能會面對什麼困難？

跳開思路，用直覺問自己：「這是我真正要的目標嗎？」

自我承諾：

你知道這是個具挑戰性的目標，這是你的選擇，願負責，願面對困難，願堅持，你準備好了沒？

自我實驗：

你第一步怎麼做？在什麼時候？

然後呢？

自我啟動：

什麼時候全面啟動？

你的計畫是什麼？

評估機制：

你會在多少時候停下來，跳開現場，看看自己所做的。

反思，更新，再啟動。

在定好目標後，一定要問自己：

是什麼？

為什麼？

憑什麼？

用直覺再問一次：這是你真正要的決定嗎？你有足夠的熱情和衝動要馬上去做嗎？你願意付代價嗎？

以上這些，建議您寫下來，越詳細越好，這是你給自己的「創業計畫書」，有你的理想計畫和熱情，這是未來面對問題能堅持的基礎。

每個人可能同時會有多個目標在執行，如個人學習、工作或婚姻家庭；各有各的目標，它是多元的，也是在變動成長的；學員要每次選出一個主題來和教練做深度交談，多重主題間的優先次序是屬於「價值觀」的內容，我們先不再這兒討論。

本頁下半部是一個年輕人生涯規劃第二階段的討論案例，教練主題是：「我三年內要開始創業，我該怎麼辦？」（圖8.3）

而教練可能要問這位年輕人的問題可能是：

圖8.3 | 生涯規畫教練架構 |

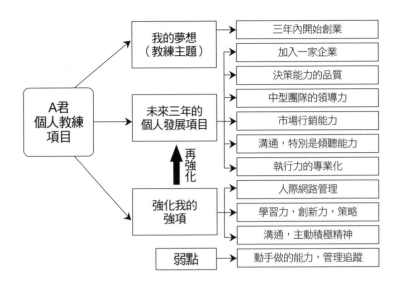

再重複講清楚你選擇的夢想目標：是什麼？為什麼？憑什麼？

談談你和這主題相關的個人優勢？弱點？

如何來強化你的個人優勢？

利用你的優勢，建立未來幾個月或一年的「發展計畫專案」。

問問自己：「這些項目可以幫助我達成我的目標嗎」？這是最佳最高效的選擇嗎？為了達成目標，還有哪些缺口？

可以轉化你的弱點成為你的優勢嗎？如果可以，那很好，如果不行，也不礙事。

再細化你的「發展計畫項目」：做什麼？如何做？指標和時間點。

你設定什麼時間點為「反思及更新」時間？

直覺：跳開主題，用直覺來審視自己的決定「這是我喜歡的嗎？我擅長的嗎？我有熱情嗎？我有足夠的毅力來實現它嗎？」
　　其他。

　　生涯規劃是一個人的生命成長路徑，它是一種學習，要多做引導、少教導，但要做追蹤，學員可能會面對問題或困難，他（她）也可能轉換了目標。
　　人生的成就不再是你走過多少路，而在你選擇和專注，它是一個學習如何選擇和專注的旅程。

人生的轉型教練（Life Coaching）

　　我們人生不斷的在轉型，我們一生要經歷許許多多的轉型，它可能有幾種原因：
　　事件的發生：如經濟危機，社會環境會跟著改變，我們必須跟著改變。
　　外來的挑戰：如國際化，多元文化，外包，換老闆……等。
　　責任與角色的改變，我們也必須改變：如被裁員，結婚，離婚，有小孩，升官，退休……等。

　　我們來看看兩個大家熟悉的圖表。（圖8.4，圖8.5）在生命裡，我們常會很自然的面對轉型，可是我們沒太多的自知，比如：
　　好的工程師會被提升成工程部經理。
　　好的銷售員會被提升成銷售部經理。
　　好的經理會成為領導班子的領導人。

圖8.4 | 終生學習地圖 |

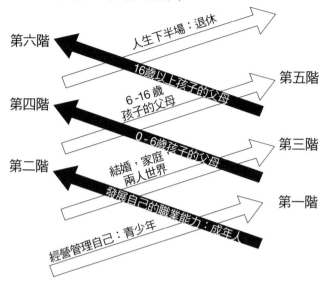

圖8.5 | 領導力成長路徑圖 |

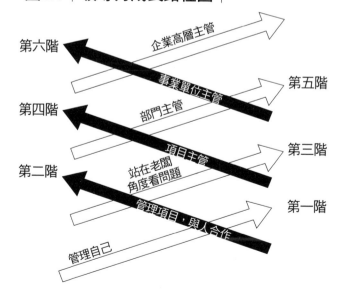

創業者成為經營者，企業領導人。

好醫生可能會成為醫院的院長。

好老師可能成為校長。

好的工人成為廠長。

情人成為夫妻。

昨天是爸爸的孩子，今天成為孩子的爸爸。

我們的社會總有個「潛規則」：不想做將軍的士兵不是好士兵，幾乎絕大多數銷售精英都有一個將軍夢。但另一個事實是，不是每個優秀的士兵都能當上或當好將軍。把一個好士兵放在將軍位置上，不但可能坑了一支軍隊，也害了一個好兵。

我們知道這些都是在不同的領域，需要不同的專業嗎？我們又投下了多少精力做預備呢？有些人會參加婚前輔導，在我們的調查研究裡，也看到許多的企業投資在「中層主管」及「潛力人才」的教練，讓他們能預備好轉型。這是針對轉型主題的教練，要特別重視的問題：

你對新角色認知有多少？能將它的角色與責任說清楚嗎？

你的心情感受如何？你預備好了沒？哪些還沒預備好的？你要怎麼辦？

能說說你個人與這職位相關的優勢？如何發揮出來？如何「借力使力」擴大優勢？

有哪些是你的弱點需要他人來協助的？

你的團隊（他人）對你的期望是什麼？你的老闆（他人）對你的期望是什麼？

你自己設定的短期目標是什麼？能運用PCA、A・C・E・

R、GROWS 2.0及6D模型，談得更深入些嗎？

　　價值啟動模型（VIA）的應用：在這時候，全部重新打散，重新審視「哪些能力繼續有效？哪些必須要拋棄？哪些要新學習？」

　　我們經常看到了許多工程師被提升成經理了，可是對新工作不適任，也有可能是沒安全感，不敢或不願放掉老本行，還是和部下搶著做設計的工作，沒多久就被再降回來了，這種失敗率有30%之多。這些人可能會選擇離開，對他個人及企業都是很大的損失。

　　而最好的方法就是找個企業教練，幫助他（她）轉型。這種現象在高科技行業特別普遍，因人才難得，可是在我們的環境，到了一個年紀不做個經理，在朋友圈也有壓力，這是個現實問題，不像在國外，一個好的工程師可以做一輩子的技術研究，一個好的銷售員也可以做一輩子，不擔心他（她）的經理年紀輕。

　　最後，我們評估自己在做決策時，有將「生命的平衡」放進考量裡嗎？不要在事業上成功了，而失去了其他更寶貴的資產。我們常說，「年輕時，我們常常犧牲健康及家庭的代價，為的是事業上的成功；可是成功後，卻發覺用金錢買不回健康，用金錢雖買得起房子，卻買不到一個溫暖的家」。

創業教練（Entrepreneurship Coaching）

　　我們來先看看創業家的成長路徑圖（圖8.6），他們也需要不斷的轉型，包含角色的轉型，能力的轉型。而一個創業家在不同的階段有不同重點，教練能幫助他們在不同的轉型關鍵點給與不

圖8.6 | 創業家成長路徑圖 |

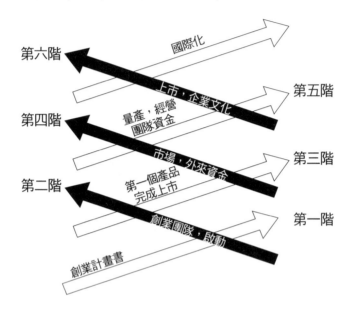

第六階 國際化

第五階

上市，企業文化

第四階

量產，經營
團隊資金

第三階

市場，外來資金

第二階

第一個產品
完成上市

第一階

創業團隊，啟動

創業計畫書

圖8.7 | 創業家的能力轉型 |

創業者	經營者
個人的理想及熱情。	企業文化，使命感，價值觀
靠少數人的能力。	及願景，也要激勵。
創業核心團隊。	團隊的核心能力。
高風險。	要依賴團隊合作。
先求生存。	有標準流程。
高靈活性。	看投資報酬率。（ROI）
個人成功。	談策略，戰略，行動方案。
偏重領導力。	企業團隊成功。
	要管理及領導並重。

同的思路和看見（圖8.7），特別是：

創業機會及計畫階段的教練。

在人才，資金，技術，市場，運作及企業文化個關鍵元素的建立教練。

夫妻及親友型團隊的建立教練及退出機制。

由「創業者」轉型成為「經營者」的教練。

老幹部的發展教練及退出機制。

外來人才引進機制。

國際化及多元文化下的經營機制。

價值啟動模型的思路：隨時審視「哪些繼續有效？哪些必須要拋棄？哪些能力要新學習」？

我以中國的一些「海歸」（海外歸國）創業者為例說明：這些人初期會發展得很好，因為他們帶回來技術或市場經驗，很快速的將產品開發出來，面對市場；但是兩三年後怎麼辦呢？這些人要開始面對不熟悉的部分了，像是創新團隊資金運作策略等，工作也更忙了，決策品質下降，公司會面對第一次的危機：沒有制度，老闆說了才算，造成管理危機，人才流失。好的人才也進不來，或是有經驗的新進員工沒有表現舞臺，整個一團亂，千頭萬緒，不知該怎麼好？於是，最後還是回歸到「老幹部好用」的結論，將原來要提升要轉變的動力錯失了。這是對創業者來說是普遍的案例，教練幫得著！

圖8.8 | 創新之家：共創價值 |

引用自：C. K. Prahalad, 《普哈拉的創新法則》（*The New Age of Innovation*）

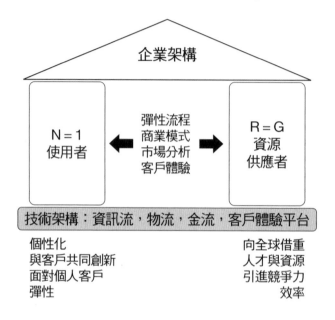

創新教練（Innovation Coaching）

　　美國著名的管理教授普哈拉在他的《普哈拉的創新法則》（*The New Age of Innovation*）一書裡，曾闡述了未來創新經營的發展趨勢，他指出：「N＝1，R＝G」，換句話就是我們常說的：「服務個人化，資源全球化」。（圖8.8）

N＝1，服務個人化

　　前些日子，我和一位朋友在談他代理一家知名企業的電子書在美國銷售，他一直在強調他的成本優勢及設計能力，客戶要什

麼，他後臺的企業都可以做出來，價格保證有優勢；我只問他一個問題：你有沒有用使用者的立場在美國的環境使用過？他說還沒，我就告訴他你的商品還沒準備好。

還有位朋友進口了一批太陽能板到美國銷售，他依我的建議，自己先試裝一個在自己家，結果他一面裝、一面罵，不是產品品質不好，而是螺絲孔位不準，很不容易裝上；於是他就和供應商再把那細節做好了，現在一切銷售順暢，沒有售後服務問題。

個人化不一定是每個人的要求不一樣，而是供應商要考慮到每一個應用的需要，讓客戶滿意。我最近看到一家車廠的廣告很貼心，情節是一個花店老闆用那部車送花，他說「這車子在設計時有考慮到我的需要」。這就是「N＝1」的經營。我們不要只是專注在技術成本，而要注意到應用，那就是客戶的體驗。我們來檢驗一下企業的建設有沒有能力來服務這樣的新市場，例如：

我們企業的行銷有重視這一塊市場嗎？

我們組織的設計是為大量生產呢？還是有能力來服務小量多樣的市場？

我們組織運作的流程是什麼？要實際跑一次。

我們的銷售管道，服務及激勵機制是否到位？許多企業開始設立「客戶體驗經理」職位就是一個好的轉變。

企業的技術，產品，流程，商業模式創新是否有能力來面對N＝1的新市場挑戰？

R＝G資源全球化

以前的「外包輸出勞力，節省成本」的概念已經過時，現在

的經營是在借重協力夥伴來「引進企業的競爭力」。

我們來檢驗一下自己的企業是否已經上軌道了：

企業上下游的供應商以及價值鏈的合作夥伴的選擇是成本生產力導向呢？還是價值導向？

全球化合作夥伴是未來企業成功的要件，企業有能力來經營發展這夥伴關係嗎？

做兩個簡單測試：你企業有定期召開供應商（價值鏈夥伴）嗎？你們談些什麼主題？你企業有定期召開區域性或全球性管道合作夥伴會議嗎？

你企業給這些夥伴什麼支持來達成你企業的需要呢？

面對這經營環境，企業組織會做了些什麼變革呢？

績效改善教練（Coaching for performance）

教練最主要的價值在於提升員工的潛能，強化「好要再更好」的優勢，而不在解決員工現在存在的績效問題。但有一個例外：那就是員工同意教練服務對於他（她）個人有價值，這是一個有效的資源能幫助他（她）轉型，幫助他（她）成功。這是我們在前面「六個奇妙數字」裡談到的轉型者，「$(1-0.0000001) \times 5 \times (1+0.000001)$」的N次方還是無限大。這是「轉型者」。對於這些人，教練幫得著！

我們舉一個案例來做說明：

王經理是個非常能幹的業務經理，能力強，每次都能達成目標，對困難的客戶他都能夠處理好。他對自己要求高，相對的他給團隊成員及協力的同事壓力也特別大，大家躲他遠遠的，互動

性差，他團隊的離職率也特別的高，凡事要他自己主導，由他人來做不放心。

他的老闆，業務總監，有和他談過這個問題，如何幫他改善他的領導風格，否則可能要被降職而回到銷售員了。他也同意這是個問題，只是不知該怎麼辦？如何尋求外來的幫助？

如果你是這位總監，你會怎麼做呢？這是我們的經驗分享：

和王經理做有效溝通：

請總監和人事部門要很清楚的定義王經理的優點及期望他改善的部分，越具體越好。

清楚定義他負擔的角色與責任，需要什麼能力？

解釋為什麼要「期望他能改善部分的行為」？它可能對組織績效的衝擊。

邀請王經理參與討論，確定他能接受他們的看法及確定他瞭解動機是幫助他成功，而不是懲罰。

建立共同目標：能清楚的認知「改善了之後的境況」會是怎麼樣？

也能明白溝通如果沒法改變的後果是「回復成為銷售員」。

確定王經理能以正向的態度來同意他們的建議，自己有動機來接受改變而沒有絲毫勉強。

讓王經理自己選擇他需要的資源來做這改變，包含導師，培訓，教練……等。

寫下來確認雙方的溝通和承諾。

預備動作：

自我認知：確認員工知道這些問題並同意總監及人事部門給

予的回饋資訊。

自我決定：自己有強力的動機要做改善，並尋求幫助。

自我決定：尋求教練的協助。

自我決定：在總監及人事部門的協助下，他自己面試一位他可以信任的教練。

自我實踐：簽訂「教練合同」，建立與教練合作關係。

教練的預備動作：

期望王經理做MBTI、EQ等評估，幫助他瞭解自己。

教練依據合約「目標主題」在組織內做360度面談。

分析資料。

建立關係。

教練的專注點：

傾聽和問題：讓王經理講出他的心裡感受，將那些可能的「懊悔，痛苦，失敗，挫折，抱怨，指責⋯⋯」，等感覺傾吐出來。

以「不同的角度看問題法」幫助他離開這些「痛苦區」，走過這些低谷。可用的工具是第六章的「生命體驗成長」模型（圖6.5），分享他過去一些成功失敗的經歷，了解他是怎麼過來的？哪些經驗可以延續用在今天這個項目？

．提升高度，幫助他找回自己起初的目標：用PCA的8P、8C、8A、8Q 模型，特別用8P裡的「困難 問題」及「生命的規律」（參考前面章節的圖5.2）。

‧ 一些教練工具的應用：RAA（反思，應用，啟動），VIA（歸零，帶走，放棄，新學，起行）

徵求王經理同意，開始溝通教練收集的「回饋資訊」：注意他的反應是同意，還是有些「驚奇」？

‧ 自我認知：問問王經理對這些回饋的感受？哪些是他同意的？哪些不太同意？為什麼？他的RAA及VIA反應？

‧ 自我選擇：目標設定，與你現在的狀況差距有多少？有哪些方法可以幫助你達成這目標？那個是最有選擇？為什麼？

‧ 自我認知：你的強項是什麼？如何發揮你的強項幫助你跨越這鴻溝？

你可能會面對哪些問題？你需要什麼協助嗎？面對困難時，你有毅力堅持下去嗎？

你的計畫是什麼？預備怎麼做？你如何來修補與團隊成員間的互動互信關係？如何來告訴他們「我在學習改變，請幫助我」。

何時開始啟動？如何評估你的進步？如何和你老闆做定期的溝通，並取得他的回饋？

在企業內部，你還需要什麼支援嗎？

其他。

‧ 追蹤：
建立追蹤的架構：定時，定主題。
建立支持機制。

幫助學員自己要有擔當的能力，將這些思路行為變成習慣。
用RAA的模式：反思，更新，再出發。

高層主管教練（Executive Coaching）

美國一家財星五百大企業總裁說：

「我們每一位企業經營者都需要一個企業教練；在這個多元化多變化的複雜環境裡，經營者每天要面對千頭萬緒的事，大部分的事我們可以憑自己及團隊的能力和智慧來解決；但是面對一些大的新的及複雜的事，或是會影響深遠的策略性決策，除了團隊決策之外，我還是要好好靜下來想一想，並和我的教練談談，他會用不同的角度思路讓我對自己的決定作最後的審視，讓我更有信心去執行」。

美國寶僑（P&G）的總裁拉夫雷，則在最近美國《商業週刊》的一篇專訪裡說，「我們都必須要由失敗裡學習，但好與優秀的企業差別在於：優秀的企業它能管理風險，能讓失敗早些發生，付的代價會低些，最重要的是不要重複發生同樣的錯誤，能由失敗裡學習。這件事教練幫得著！」

我們在最近的市場調查研究裡也清楚的察覺到，經營者對「高層主管教練」的期望是：

高管的領導行為模式的回饋（鏡子）：看到、評估後能具建設性的說出來。

給高層主管針對主題性的回饋。

給高層主管針對主題性不同的見解（前饋）。

給高層主管針對主題性的挑戰：高度，深度，廣度及速度。

當鏡子或回音板：讓高層主管看到自己的基本想法。

讓高層主管看到他（她）思考還有沒不周密的地方？

而在這個階層，哪些是最被重視的「教練主題」呢？

多元性，多變性，複雜性及不確定性（DDCU）的相關主題：基本上涵蓋了科技的變化，經濟，行銷，政治，法律，環保及社會責任等各層面。

組織發展：潛力人才，人才策略，組織發展。

高層主管個人發展：個人管理與領導行為的反思，領導力強化，重要決策的再確認與自我激勵，建立自我的信心，自我價值機制的取捨與均衡。

再來，則是企業高層主管最主要的四個主要責任，這些能力，企業教練都可以幫得上忙：

領導力

諾基亞的執行副總裁最近在專訪時說，「我們的團隊知道怎麼做手機，我們高層主管的責任是在上面加上一些可口的醬汁」。如何凝聚人才團隊，建立企業使命，願景及中長期的目標，這是領導團隊不可推卸的責任。

決策力

這是「驅動力」，基於企業使命目標，要做好的決策，帶引團隊努力創意的往前行，要激勵。在這競爭的環境下能保持「75％—20％—5％」的時間分配，75％做最重要的事，20％嘗

試新的專案，5％放在清理庫存或不想做但還是必須做的事。

文化力

文化是企業的靈魂，它也是企業的根本標誌；很多的企業在努力轉型，必須做到這一層級：企業文化。學習型組織為本的「教練型」文化是今日企業一步到位的選擇。哪些是基本的元素呢？我們用個英文字「CHANGES」來解釋：

Community，社群的概念：組織裡的層級被虛擬化，職位抬頭不是權力而是責任，大家互相尊重，看到人善良和強項的一面，這是教練環境啟動的基礎。

Humanized，人性化：認知人與人間的差異性，如何互相欣賞，激勵，互動。

Aspiring，激勵的文化：有勇氣去夢想，實踐並承當責任。

Navigating，引導型的交流：團隊學習，分享，反思，更新。

Generating，自發性的創新：經由團隊學習，合作，協作。

Exploring，願意去嘗試：敢冒風險去嘗試，學習，更新。

Serving，服務他人：團隊的使命是服務顧客，團隊成員，使每一個人都雙贏。

執行力

要能夠計畫達到位，執行力是關鍵。也要能經由定期的RAA機制，做驗證的工作。

最後，企業也常尋求外部企業教練對企業領導人提供以下這些關鍵性教練服務：（圖8.9）

潛力人才教練，預備接班：如何站在上一層角度看問題？如

圖8.9│高層主管成長路徑圖│

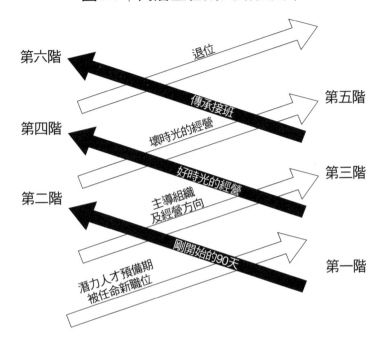

第六階 ← 退位

第五階

傳承接班

第四階 ← 壞時光的經營

第三階

好時光的經營

第二階 ← 主導組織
及經營方向

剛開始的90天

第一階

潛力人才預備期
被任命新職位

果你是老闆，你會怎麼做？為什麼老闆這樣做決策？

　　開始接手的關鍵90天：哪些主要，哪些重要，哪些不重
要？你的角色與責任再確認；老闆對你的期望是什麼？並確認成
功的關鍵元素。這時候，教練能協助你，讓你快速適應並與組織
鏈結；這是贏得信任的關鍵時刻。

　　開始介入組織主導運作：開始使上四力（領導力，決策力，
文化力，執行力），用A・C・E・R及GROWS 2.0，6D等方法找
出你最佳的選擇及決策。

　　好時光經營法：企業經營是藝術，你要將企業帶到哪兒去？
要精，強還是大？如果你是老總，你與董事會的關係如何？他們

對你的期望是什麼？你與董事長間的分工清楚嗎？如何能合作愉快？

壞時光經營法：這是危機時期的經營，你要面對許許多多棘手的問題，現金流，裁員，市場萎縮，營業額下降，工廠開不了工……怎麼辦？許多的經營者每天會很煩，教練能給你一個清新的思路。

傳承接班：這是一個棘手的問題，依據調查，百分之七十以上的企業沒有具體的「接班」機制，高位領導人、低到部門主管都沒有備援人選，當一有危機來時，會造成組織一團亂。如何在組織內建立接班體制？哪些時候要用內升？哪些時候要用外部人才？什麼時候該走人以避免企業更大危機？如何讓老臣能安居樂業而不造成抗拒？讓他們願意傳承；這裡頭有許多的選擇，企業教練也能協助！

優雅的退位：何時退？如何退？企業要老總兼老董呢？還是分開的好？我看到一家企業剛退下的老總每週定期和新老總見一次面，創造出一個平穩的過渡局面，這些都是好的安排。

團隊教練（TEAM COACHING）

教練基本上是一對一的互動及交流，我們也可以延伸到團隊的教練。

團隊教練的定義是：它是以一個領導人為中心和他（她）直接彙報的幹部的教練流程。一般不會超過十人。

團隊：它可以是一個以任務編組的緊密組織（team），也可以是較鬆散、沒共同目標的人群（group）。我們服務的目標是針對第一種團隊。

團隊教練的目的：建立一個最佳的高效活力團隊，基於其特有的溝通合作，決策，運作模式，來達成其團隊間成員的相互學習激勵及有擔當的能力。

預備啟動
自我評估：每一位成員先做MBTI，EQ等評估。
教練對他們上一層的主管協力夥伴做主題性的360度訪問。
教練對成員做一對一的訪問。
分析資訊。

兩天的「團隊建造研討會」
開始是一個團隊建造的遊戲；進行RAA：大家學到了什麼？
（分享，交換，雙贏）

圖8.10 │ 團隊領導力建造 │
資料來源：五個團隊建設的迷思

（金字塔，由上而下）

績效

可靠，可信，有擔當

信守承諾

衝突及磨合管理

相互尊重，信任，關係建立

對團隊的使命感，價值觀，願景的認同

個人自我介紹：你是誰？個人目標，熱情；你在本團隊的角色與責任；你的優勢，短處？你為什麼加入這團隊？你的感受如何？

分享你經歷過的好團隊，分享為什麼你認為是好團隊？它的含金點是什麼？（用「生命體驗成長圖」做參考）

高效團隊的建造：大家一起來整合「我們對好團隊的經歷與期望」：它該是怎麼運作的？它該有哪些含金點？

培訓及分享時間：團隊領導力建造模式（圖8.10），團隊的差異性，有效溝通模式，RAA反思模式。

團隊的使命，目標，願景討論及確定。

團隊的目標討論並確定。

個人目標細分：哪些自己負責？哪些要他人協力？他們有承諾嗎？

有擔當團隊協力模式介紹：有擔當者，負責者，教練，被告知者或協力者。目的是要建立一個「互補性強」的核心團隊。

承諾。

建立回饋機制（RAA）。

在此我要特別提一下「衝突協商」在團隊建立的重要性，這是必須走的過程，不論是一個人新進一個團隊，或是一個新團隊的建立，都是必要的磨合過程。

基本上，經由幾個企業內有不同意見的案例來磨合，大家可以用我在上一章提到「有效溝通」的模式來面對矛盾，它會包含著幾個模組：

釐清動機，重建團隊合作精神。

理順共同點，差異點，做真誠的溝通，解決誤解，尋求更多的共識。

　　將哪些「顧慮，懷疑，不信任，太過自我中心」的觀點拿掉，建立更多的信任，尊重及安全感。

　　重建團隊關係：有信任，被尊重，有安全感；當領導或同事一句重話才不致於心理受傷。

一對一的教練

　　基於團隊及個人的目標計畫，企業教練會開始針對個人做一對一的教練，使用PCA、A‧C‧E‧R、GROWS 2.0等技巧，幫助學員釋放潛力，提升高度，建立一個高效，活力的團隊。

　　追蹤：

　　定期追蹤，對團隊以及每一位成員。在每一季度末了，團隊再聚集四小時，來分享經歷，規劃下一季度的新目標。

　　一個有擔當的團隊是：

　　每個人知道團隊的使命及目標。

　　每個人知道自己的責任區。

　　每個人也知道團隊成員每個人負責的責任區。

　　當有事件發生時，有擔當的團隊成員會自動補位，而不會造成衝突。每個人在責任區外，隨時會為團隊提供額外的付出，幫助團隊成功。

　　一個好的合唱團並不是每一個人都唱同一個音；一個好的球

隊每一個人要打不同的位子；企業內的團隊合作是要每個人能守住他們自己的位子，並努力與團隊成員互動互補，每個人都有擔當精神，發揮團隊的優勢，但又不會造成衝突。

好比有四個人負責合作種樹，一個人挖洞，第二個人栽樹，第三個人填土，第四個人澆水；有一天，第二個人因病不能來，那這個團隊該怎麼辦？還是每個人很盡責的做他們那一份嗎？一個人挖洞，一個人填土（不管裡頭沒有樹苗），一個人還是澆水？他們還是負他們被交辦的責任，但是團隊的大目標卻沒有達成；這時要的是「有擔當力的團隊」，要有一個人或兩個人多做另一個人的事，確定將樹苗放進了再填土澆水。這就是有擔當的團隊精神。負責還不夠，要有團隊擔當精神。

還有一個案例，是朋友告訴我的親身經歷，他參加了一個旅遊團到南韓，有一次因為在等待後頭的車子，而將遊覽車停到路旁，過些時候，有個年輕人正開車路過，就問司機，「我是現代汽車的員工，請問你的現代汽車有什麼毛病，我可以幫忙嗎？」。這是「有擔當力的精神」，於公於私，這應可確定不是他的事，是公司客戶服務部的事，他卻能主動處理，這就是有「擔當精神」。

如果我們再注意一些小事，我們常會看到好的超市或銀行，當排隊的人多了，有些在後台的員工會主動的參與服務，開啟另一道閘口加速通關，這也就是「有擔當力的精神」；你的團隊會有這種精神嗎？

問好問題

對團隊成員的面談資訊：這些題目是我在做團隊內部個人訪談的參考性的問題。

你瞭解這團隊的目標嗎？你認為它可以達成嗎？

你個人在這團隊的角色與責任是什麼？你滿意嗎？你個人承擔的責任有多大？你認為你可以達成嗎？

誰是你的協力夥伴？他知道他的責任嗎？你知道其他隊友的目標嗎？你對他們的角色與責任又是什麼？

這些目標是怎麼最後確認的？是一起協力制定的？還是上面老闆交辦下來的？你覺得這目標有挑戰性嗎？每一個人都同意嗎？如果有不同意的，那會怎麼處理？

你喜歡你的團隊嗎？用一到五分評價。（1：不喜歡，2：勉強可以接受，3：還好，4：很好，5：非常滿意）你對團隊領導人信任嗎？

你覺得你的團隊的溝通與合作模式還好嗎？用一到五分評價。（1：不喜歡，2：勉強可以接受 ，3：還好，4：很好，5：非常滿意），有哪些可以改善的？

這個組織的建立是基於個人的強項與熱情嗎？你覺得這個團隊每個人都有擔當嗎？大家願為團隊承擔責任嗎？

對團隊最弱的一環，你們有什麼應變措施呢？對團隊及個人的成功，有明確的評估指標嗎？如果達成目標，你們決定如何慶祝的？

企業變革教練（Transformational Coaching）

1996年，科特勒（John Kotter）出版了《領導變革》這本書，他的結論是有約30％的企業變革終歸失敗。2008年，麥肯錫做了也個類似的調查研究，結論也很相似，過了近十二年，雖然許多MBA教學都將「變革管理」放到基本教學內容，但是基

本上還是沒有太多的改善，問題出在哪兒呢？依我們的瞭解，有幾個關鍵因素都與「人」息息相關，而這光是靠教導還是不夠的！必須有更好的做法：

要能夠提出有說服力的願景，它要與員工的個人未來發展相關而且要具有意義，否則會造成相對的抗拒。

要有好的領導力：要能身先士卒，作為表率，而且不斷的溝通，激勵員工跟隨前進。

要有好的配套措施：組織流程，激勵機制，服務體系。

員工的發展培訓：讓員工能有能力，有信心，能參與這個變革。

要有急迫性：這事關情感的張力，讓它爆發出來，你還記得中國海爾家電的領導人張瑞敏當眾擊碎海爾冰箱的場景嗎？那就是為了呈現對「品質」要求的急迫性。領導者要能建立對這專案的急迫要求。它可能是「自豪」，也可能是「憤怒或失望」的發洩，只要用得正確，都可以化為積極的力量。

要能冷靜下來，做有意識的組織行動，這才是變革的啟動。要能用心與腦袋並行，才能持久，走到目標頂端。

而談到企業變革教練，在此也要問讀者幾個問題，這些也是教練可能會問你們的：

你企業是如何啟動變革的？

領導人如何與當事人溝通的？

如何處理可能的阻力？

有哪些配套措施要建立？

接班人教練（Succession Coaching）

接班計畫

在一些好的企業，除了有「教練」項目經理之外，還會有「接班人」專案經理；接班計畫應該是企業內部運作的常態，特別是對企業內的中高層主管，它不只是人力資源部門的責任，更是每一位主管要承擔的責任，好似接力賽一棒傳一棒，在你被提升到高位前，每個主管必須要能培育出幾個接班人選，這也是企業考核領導力的一個重要元素。因為有好機制，我們就會看到企業內部的潛力人才。

我曾遇過一個好的客戶服務專員可以成為業務部門總經理，一個經銷部門主管可以成為企業行銷副總裁。很多的企業老總常有一句話「人才難找」，我常告訴他們要有機制讓有潛力的人才出頭，要為他們「鬆土」，要給機會、給舞臺、給支持，更要養成、要培育，也許這顆鑽石就在你的身邊；對這個問題，「學習型組織」及「企業教練」是最佳的解答。

領導者的接班人

這個課題在國內外越來越急迫，不是創業者或在位者急於交班，而是企業經營環境的多變、多元性，複雜性及不確定性所致。一個人過去成功的模式可能不再管用，需要盡速的培育提升下一代領導來面對新局。這個現象國內外皆然，沒有例外。那教練能對此做什麼呢？這是幾個教練專注的重要階段：

老領導者的心理準備：問幾個問題；
是你自願的，還是組織（董事會）的要求？

是什麼動機讓你做這個決定？是情緒性的衝動？還是理性的決定？你同意嗎？

你心裡感覺如何？（對自己說出來那感覺）

那你的選擇呢？同意主動引導這「接班專案」呢？還是抗拒？

如果抗拒，你會付上多大代價？值得嗎？

如果同意，那你對自己有哪些選擇？對企業的未來發展及接班計畫，有哪些選擇？

你決定如何做？（你的最後選擇）

用你的直覺查驗：這是你要的決定嘛？

教練協助領導人找尋接班人的幾個關鍵點：

確定誰是最後的決策者？

哪些是新接班人最重要的資格認證？

要幾個人選？為什麼？

要內升？還是外部空降？為什麼？

成為接班人的教練及權力轉移教練：機制及培育流程。

在尋找下一代的接班人選時，我們要問「在未來十年我們的經營環境會是什麼？」我們的新領導人必須要有能力來面對這些挑戰。這要新的格局和領導力。我們看到許多的企業過去一帆風順，每年雙位數的成長，但是在這次的經濟大海嘯時期，企業面臨負成長，很多董事會及員工都懷疑總經理有沒有能力帶領企業度過難關，董事會也一直在找尋下一代的接班人選。

如果你的企業還沒有接班計畫，我都會鼓勵每一位高層主管及經營團隊在每個企業的季度或年度計畫會議裡問自己一個問題「如果我是新來的總經理，我會怎麼做？」，哪些部門要裁撤，

哪些部門要強化，哪些部門要轉型？用新經營者的心態來經營企業，這是企業長青之道。

家族企業或創業者接班人教練

家族企業的接班和創業者的接班是有些共同的特色，但是和一般企業的接班確有很大的差距，所以我們分開來談。

它們的共同特色是個人情感的因素，企業是他們的孩子，有太多的革命情感與血緣在企業內流轉，要他們放手是很不人道的事；這不只在中國，在全世界都是一樣。我們對這種接班人的教練專注在以下幾個部分：

對企業的傳統要能認同尊重，特別是當上一代的領導人或第一代創業者還健在時：這是互信的基礎；這包含企業的價值觀，老傳統，潛規則；比如說過年發紅包或到大年初一一大早到老領導者家拜年就是例子。

價值啟動專案：要審視哪些要延續，哪些要新學，哪些要拋棄；延續及新學的部分可以馬上做，但要拋棄的部分，最好經過老領導背書，多做溝通才啟動，不要急。

開始一定要讓老領導者進入決策團隊：這是不可避免的過程，一來老領導者能放心，二來是忙慣了，還是到辦公室做一些事，才放心。這是新舊領導人建立互信的磨合過程；一些新的決策，在宣佈的時候，一定要說，「經過我和老董事長討論後，他也非常贊同我的看法……」，這個流程少不了，特別是由此提高對公司老臣的說服力。

團隊建立：當老領導者還在時，如何借力使力，加速與老臣重臣間的磨合也是必要的，團隊磨合流程是必須的，特別是要在

互信的基礎上處理衝突，經歷過幾個衝突磨合案例，讓員工及老臣能對你尊敬，才算你個人新的領導力建立完成。

在建立互信及尊重後，在老領導人的同意下，慢慢將權力重心做移轉：這是「領導力2.0」的流程；由導師，教練到首席代表到完全自主領導。

這個過程不能急，要有耐心，對老領導的想法要敏感，這才能做個平穩過渡。

跨文化教練（Cross Culture Coaching）

「文化」有許多的層級：（請見圖8.11）

個人層級，如性別，膚色，年紀，學歷，專業。

家庭，企業層級：家族，籍貫，企業文化，行業。

社會，國家層級：宗教，民族文化，種族，風俗習慣。

圖8.11 │文化層級 │

每一個人的願景，理想，都會受文化及其他因素影響，這是它的模型（請見圖8.12）：

每個人的願景（理想）和他的文化，成長經歷都有直接的

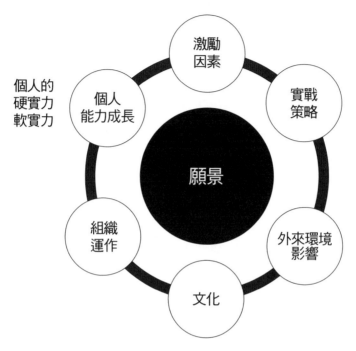

圖8.12 願景建立模式

關係，也會隨著不同的時空背景，不同的激勵力量產生不同的願
景。

　　文化性的差異會影響每個人的價值觀，責任感，外在的行
為，思考邏輯，對權力的渴望，時間管理，生命的意義，管理及
領導模式，溝通模式，人與人間的界限等等；我們可以很明確的
勾畫出日本人和德國人的特色，中國人的特色又是什麼？也許我
們自己說不清楚，問個「中國通」的老外，就能說明白了。

至於文化這件事在企業教練上的應用是：

外派人員的領導力：瞭解當地的文化特色是一種禮節，也是強化領導力的要件。一般我們提供三個階段的培訓及教練，最重要是要選對的人，再其次是有家庭和社會資源的支持；最後才是個人領導力在跨文化環境下的培訓與教練；他要能認知可能要面對的機會與挑戰，特別是一些當地員工的思考，行為，價值觀上差異性的整合與包容，這是特別重要的。

國際化團隊的融合與整合：內部外部與協力廠商的協作。

國際化市場行銷人員的自我認知，才能真正分析並解讀市場資訊。

對文化差異，我們有兩種選擇：優越感型及整合共榮型。（圖8.13）

圖8.13 | 對文化差異的處理模式 |

優越感	整合共榮型
不理睬	認知瞭解並接受這差異。
認知，但排斥	適應差異。（並不代表必需學習或引進差異）
認知，但看輕	整合差異（包容共存，和諧共榮，不一定是融合） 運用差異，強化優勢。

在最近這幾年，新興市場成為最快速發展的市場，如果我們能加入文化元素，用「整合共榮」型的策略來開展這些市場，我們有絕對優勢，那效果將是「事半功倍」，這是我給中國企業的

建議：

　　開發中東，阿拉伯市場：啟用有回教信仰的員工。
　　開發東南亞市場：啟用用福建或廣東人。
　　開發俄羅斯市場：啟用北方人或東北人。
　　開發韓國市場：啟用朝鮮族中國人。

　　而在美國，一反過去標準化的企業文化，現在在個企業內都有「差異化」發展部門，早期是針對「少數民族」及「婦女」，現在則大大的應用在「差異化」的服務，如在美國總部設有「中南美通」負責中南美市場的開發與服務，有「日本通」負責日本市場，有「中國通」負責在總部與中國總部及其他事業部的結合。這使得合作效率大大加增；這就是「運用差異，強化優勢」的策略運用。未來的市場會更細分，要能更精準的面對市場。近日星巴克宣佈在中國販賣「冰咖啡粽」就是借力使力，開發出這有中國特色的「美國商品」。

　　最後，跨文化教練還可以扮演幾種的角色，培養能力：

　　自我認知：以Ａ・Ｃ・Ｅ・Ｒ模式來認知瞭解並接受這差異。
　　自我選擇：自我適應差異。（並不代表學習引進差異）
　　自我選擇：整合差異（包容共存，和諧共榮，不一定是融合）
　　自我實踐：運用差異，強化優勢。
　　自我實踐：建立跨文化的人才及市場經營策略。

人生下半場教練

　　人生下半場是生命裡一個重要也是必須的轉型（圖8.14），兩年前開始，我的醫生就開始在我的耳邊不斷的重複這一句話「不要忘記你的年紀」，它有不同的意義，可能是「不要逞強」，「該慢下來了」……等，我開始覺醒「是改變的時候了」。

　　最近美國有一個統計指出：「退休年齡越大的人，他們的生命都不會太長」，為什麼呢？一向快的人，忽然退休了，沒事幹，快不了了！；一向忙慣的人，忽然退休了，不忙了！；一向位居高位的人，每天做很多重要的決策，忽然退休了，沒人問他（她）做決定了，電話不響了，在他（她）的辦公樓再也沒有人來人往的「忙碌」了，受不了！這就是「人生下半場轉型」的必要。在社會福利國家如加拿大，對於退休人員有一個「人生下半場教練」的服務機制，不是教導，而是和他們一起發展出來一套適合他們自己的退休計畫，找到自己的方向目標和意義，也讓他們心裡預備好了才讓他們走，才不會變成社會的負擔。

　　在即將步入「人生下半場」的人們會面對幾個大的轉變：

　　身份：我是誰？我不再是「老總」了，我沒有權力了，這需要重新自己定位。

　　目標：我要做什麼？我還有二、三十年的日子要過，我要做怎麼樣的人？生活和生命的目標要重新定義。

　　行動計畫：我要怎麼做？

　　關係：我和一些老闆同事部下的關係，試試看打電話給他們，那幾個人會回你的電話的，那才是你真正的朋友。

　　資源：最大的差異在於沒收入了，要靠退休金或靠孩子了，

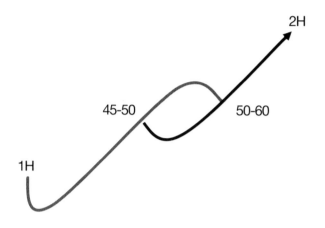

圖8.14 | 人生上半場，下半場 |

圖8.15 | 人生下半場的轉型 |

上半場	下半場
要養家活口。	要過有意義的生活。
做「必須」做的事。	做「想要」做的事。
以「工作」為中心。	以「自己」為中心。
受他人的指揮。	我是老闆，聽自己的。
要競爭。	願與人合作。
目標導向。	價值導向。
要擁有更多，累積財富。	夠用就好，願分享。
面子重要。	裡子重要。
要有名，要被尊重。	生命的平安喜樂和意義。

你會問：「這是我可以接受的生活方式嗎？」你可能過不了五代同堂住四合院的退休生活，但你願住在養老院嗎？

風險：以前對投資及資金的管理可以承擔風險，現在可能要保守些了。「老體，老伴，老本，老友」；這可能是你最該珍惜的資源。

要如何管理這些迷思而幫助自己走上健康的人生下半場呢？你可以請教練幫忙！

在人生下半場這個主題，教練關注的焦點是：（圖8.15）

喚醒自知：我在那兒？我要往那兒去？

自我認知：我要什麼？我的理想退休生活是什麼？是含怡弄孫呢？還是過追求「平安喜樂有意義」的生活？

自我認知：清清自己的資源（老體，老伴，老本，老友）用「價值重新啟動模型」來檢視自己，哪些可以帶到這一階段，哪些該放棄，哪些該要新學？

自我認知：審視自己的「幸福指數」

自我選擇：我的理想新生活，（用心靈感受一下那份的喜悅和熱情！）我要達成的方法，這是我的選擇；最後將這份的感覺和目標寫下來！

自我啟動：第一步會怎麼做？什麼時候開始做？

教練的工具箱：本書之前介紹過的各種模型和工具都有幫助，特別是「人生的十字路口」，「人際關係價值網路」，「價值觀」，「生命體驗成長」等各項工具。

RAA 時間

反思Reflection 更新Renewal 應用Application 行動Action

1. 我在這章學到什麼？（Reflection）
2. 我對哪段資訊特別有感動？（Reflection）
3. 我決定怎麼應用到工作上？（Action）
4. 什麼時候開始第一步？（Action）

第**4**部

我們還在
不斷探索學習

說對一句話，問對一個好問題，
一次專心的傾聽，可以幫助他人一生。

教練是一門專業，專注在人類「心靈探索」的應用專業領域；我
個人還在探索，還在學習。但我們也很清楚的知道，在這多元，
多變，複雜，不確定的時代，教練對企業的經營及個人的發展是
一盞明燈！

每一個人的一生都有可能成為別人的教練，它不是一個頭銜，而
可能只是一個好的問題或花五分鐘用心的傾聽，你已改變了那個

人的一生，可是你並不知道。一個用心的聆聽比一篇動人的演說更有效果。不是我們做了些什麼偉大的事，而是我們專心，用心，愛心，好奇心來聽一個人的話。不在於我們做了些什麼了不起的事；而在於這一個平常的聆聽動作所產生的效果。

我要在這部分我要分享「如何成為你自己的教練？你團隊的教練？如何做個即時的教練？」

同時我也要介紹個人在美國採訪的22企業機構，談談他們如何引進企業教練，他們因此學到什麼？我並也採訪了幾家臺灣的企業，面對台灣的中小型企業的文化，看看他們如何成功引進和使用企業教練技能。

我相信這些總結資料對企業和有心成為教練型主管的人，都是有價值的。有家美國教練企業顧問公司聽到了我做這份調查報告，他們也認為企業「如何引進教練型文化？」是個好的學習觀點。

9

COACHING
BASED LEADERSHIP

人人可以成為
好教練！

員工，廠長和經銷商，他們每天在面對市場，他們更關心這家
企業的存亡，我相信他們有足夠的能力來面對這問題，只是
「專家們」一直沒給他們機會參與而已。

——前克萊斯勒汽車前總裁艾科卡，談美國政府強力主導克萊
　斯勒轉型一事的評論

農夫撒種，每天看不到什麼變化，日子到了，它就要收割。

　　一個石匠敲打了石塊一百下，石頭都沒變化，在敲一百零一下時，石頭就破了，並不是那最後一擊特別有效，而是日積月累的成果。

　　教練的流程和目的也很類似。經過交談，日積月累之後（我們建議思路轉型啟動至少要四十天，轉變流程至少要九十天），有天學員們忽然開竅頓悟了，因此達到教練的目的。它還是交談，只是它是有目的的交談，以更科學化的方法幫助學員能找到自己的答案。我們叫它「心靈探索」的旅程，經由「喚醒點亮」內心的潛能，發現「自我」，然後自我做決定。

　　生命是一個不斷「決定」的旅程，我們每一天每一件事都在做決定，只是我們在很多時候用「自動決策」系統在做決定。

　　在我住的街角附近，有家商店的老闆每天都神采飛揚，非常喜樂，有人就問他有什麼秘訣這麼快樂？他說：這不難，在每天出門前，我給自己兩個選擇：要高興過一天呢？還是憂愁過一天？我都告訴自己：我選擇快樂的一天！而那一天就從那時候開始！就這麼簡單。這是「點亮自知」的功夫，我們可以點亮自己的燈光，當然也可以點亮他人。

　　那教練是什麼呢？我常常說：當一個企業或個人有需要時，一個可能是找「諮詢顧問」，顧問給「魚」吃，另一個選擇是找教練，教練教的是「釣魚的技術」；這是學員的選擇，你要的是解決目前的問題呢？還是去「找到解決問題的能力，也同時解決現在的問題？」

　　這是我對教練的價值和使命做的總結。教練是基於「教練合約」建立一個互信的安全交談分享環境，讓學員教練間能有好互

動，藉此：

釋放潛能：經由深度心靈探索，點亮學員「使命，價值觀，願景，夢想與熱情點」。

互動學習：瞭解學員的經歷和需要，他（她）們的動機及思路：是什麼？為什麼？憑什麼？

正向支持：RAA，反思，更新，應用，行動；前思，追蹤，激勵。

提升高度：挑戰極限，找到選項，再做選擇，有擔當。

要幫助學員達到：開闊視野，深度思考，願勇敢做決策，並對自己的行為負責。

圖9.1 ｜教練的使命｜

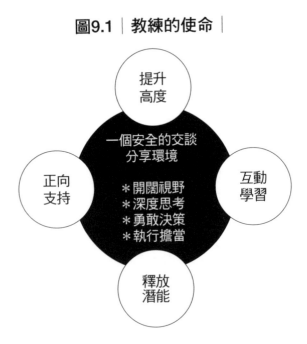

如何找到你合適的教練

我們認為合適教練的有一些特色：

教練個人的使命與熱情：這不只是一個職業，它更是個專業，事業，百年樹人的事業；要能虛己才能樹人。教練還必須有對的心態：要深信每個人都有潛能，要看錯誤是學習的機會，要能堅持往前看，更重要的是要有積極的心態來服務學員，幫助他（她）們成功。

教練專業能力及認證：教練是個專業，好似律師與醫生，它有一套的行業規範，比如說「保密協定」的規範，如此才能提供一個安全的交談環境，幫助學員。

文化的接軌：瞭解語言還容易，瞭解文化的內含，已說出來

圖9.2 ｜ 適合你的教練 ｜

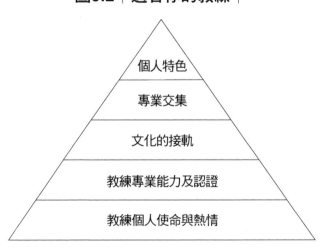

個人特色

專業交集

文化的接軌

教練專業能力及認證

教練個人使命與熱情

或想說但沒說出來的話語及肢體語言又是什麼意義？這是深度的交談，與文化關係深遠。

專業的交集：當我在採訪「最佳教練實踐」（詳見下一章）時，許多的企業告訴我說他們要的是「專業」相關的教練，教練能快速的聽得懂學員的語言及思路。不是特別強調在行業，但是在專業上要有能力溝通。

個人的特色：這是學員最後的裁決權，是否和教練談得來？味道對不對？這決定在個人的選擇。

教練最重要的任務是在每個學員身上找到他的「含金元素」潛能，讓它釋放發揮出來，不在指導學員做「教練認為對或正確」的事，不在評論好與壞，而在讓學員做他最好的自己，做他自己最好的選擇，然後懷著熱情勇敢的上路去執行，踏上他自己選擇的學習成長之旅。

有一個音樂家在演奏完時，在舞臺地上撿到了一條散落的琴弦，他（她）到後臺找到了那把琴，重新把它安上，並且拉緊了琴弦，它就能奏出優美的樂音來。教練也是在做這些事：

看到散落的琴弦（學員的潛能）
找到琴（舞臺，項目）
安上並拉緊了（挑戰）
演奏出樂音（表現）
最後，我們來做幾個自我提升成為好教練的練習：

重新審視自己的內在潛能，決定做自己的主人：這是我鼓勵大家定期問自己的問題，定期的和自己有個約會，深入的和自己

交談。

我是誰？我的個人潛能啟動內涵：8P（生命的律）、8C（人格特質）、8A（動機及態度）、8Q（全人的能力商數）

我的「現在」在哪兒？（人生的十字路口）：我的使命感，價值觀，願景，熱情與目標是什麼？

我的人際關係網路：誰對我重要？我自己，配偶，家庭，工作，社群……等。

我個人的生命體驗：哪些可繼續用，哪些要放棄，哪些要新學習？我現在能提供的主要價值是什麼？（對家庭，企業，社會，國家）。

我要往哪兒走？我個人未來三、五、十年的目標是什麼？我有哪些資源？我有用心在經營這些資源嗎？

我的個人優勢，缺點，機會，威脅是什麼？我預備怎麼走？我的計畫是什麼？何時開始啟動？

我怎麼定期來審視我的進度呢？

誰是我生命的導師或教練？我願意將我的企圖心和他分享嗎？他願意陪我走一段轉型路嗎？

做自己的教練（Self Coaching）

當我們啟動一個新的專案或者是我們在實施一個項目時，心中覺得有些不對勁時，最好的方法是「馬上停下來」，問自己一些問題，做自己的教練！

有一個遊戲對我非常的受益，這叫「Disney Strategy」（迪士尼策略）。這是一個自我省思的角色扮演遊戲。在面對機會或問題而要尋求出路，我們可以用四個角色來問自己問題；第一個是

現在的「真我」，第二個是「夢想家」的我，充滿創意夢想；第三個是「批評家」的我，站在「事前驗屍」的角度來對我提出挑戰；第四個是「現實主義」者。

當面對問題時，我們可以暫時跳開自己的位置，坐到「夢想家」的位置，問自己我的理想是什麼？再坐到「現實主義者」的位置問自己：「我要怎麼做？」，再到「批評家」的位置提出挑戰；最後回到自己的真我，我要怎麼做？這個做法對我非常受用。

這是我們應該要常問自己的問題清單：

多對自己問問題：我在做什麼？為什麼？目標是什麼？憑什麼？

相信自己：常常問自己「我對自己的滿意度如何？」，定期給自己一個評估，要踏上另一階，那該怎麼做？

說出自己的感覺：高興，挫折，平安，勉強，生氣，羞愧，控告，自豪，害怕，猶豫……等。面對自己的情緒，才能找到問題和解答。

相信直覺的力量：我們有個自我在我們心中，另一個「外在的我」在管理我們的「外在行為」及「自動決策系統」，常常我們犯了「太快，太情緒化，太自動化」的決策，讓我們能靜下來，跳開我們自己的決策與細節，由自己的「直覺」來審視：「這是個好的決定嗎？這是我要的嗎？我有熱情嗎？」

給自己挑戰：當我們做完目標決定後，還要問：我還有其他的選項嗎？必須強迫自己有至少兩個以上的選項，不要告訴自己「我沒有選擇」，如果那是真的，那該是找個教練談的時候了，因為你需要幫助。最後還要問：我能做得更好嗎？能做得更高，

更廣，更深入，更快、用更少的成本嗎？

我準備好了沒？我預期會面對哪些困難？我的熱情度高嗎？我願付代價嗎？

換個角度看問題：要跳開現場，由員工或客戶的角度來看問題。有個貓狗哲學的寓言說：「人們一向對家裡的貓和狗友好，全力平等的愛它們；狗兒就會想人們對我這麼好，他們就是上帝；貓兒也會想說人們對我這麼好，我就是他們的上帝」。同一件事有不同角度，就會有不同的看法，不可不慎。

做你團隊的教練（Coach the team you lead）

你可以、也願意聆聽嗎？你有用上你的四個心在帶領團隊嗎？

你關心你的員工嗎？你對員工的家庭，個人生涯規劃知道有多少？你怎麼給他（她）們提供協助？

給自己的領導力打個分數？你的員工會給你幾分？差距在哪兒？為什麼？

作為一個領導人，你是怎麼建造你的團隊的？團隊的使命，價值，願景，目標清晰嗎？如果用「團隊教練」裡的問題來與你團隊人員訪談，你認為結果會是什麼？你滿意你的團隊互動嗎？

對於建立一個有擔當的團隊，你自己的思路與做法如何？

在本書裡的教練型領導力模式與工具，哪些對你是較合適的？你會怎麼用？舉個例子。

你有建立一個機制，定期和團隊有個反思更新前瞻的機會嗎？

做個「即時」的教練（Spot Coaching）

我們常在球賽看到教練叫暫停，為的是讓球員有個「RAA」的反思時間，教練最重要的是讓球員有個「停格」機會，停下來。最好的教練在這時候不再是指導他們接下來的打法，更重要的是成為球員的鏡子，讓每個球員知道他們剛才的經歷，問他們再下來該怎麼做？讓他們每人有個反思的機會。更重要的是給予激勵，引導，正向確認，往前行。

我們在企業內的領導人也是一樣，當我們看到員工做得有些走樣了，就好似我在第一部分開頭講的那個拿斧頭砍樹的年輕人，領導人要做的是叫暫停，以GROWS 2.0的思路，問他一些簡單的問題，讓他（她）能醒悟，不要再悶著頭幹。這叫做「問問題的管理法」。比如：「你要達成的目標是什麼？你預備怎麼做？你有多少時間和資源？你有多少選擇？你做什麼選擇？為什麼？你預期會遇見哪些困難呢？……」

不只是教練對球員，領導人對員工，我們時時可以提供這樣的協助給那些需要的人。

做個不斷的學習者

教練和學員間的互動就好似在跳舞，主導的是學員，教練要能與他（她）互動，要能進入他（她）的情境，一切由那兒出發。

要有「前饋」的能力，在面對新的情境，學員會如何做？不在過去他（她）做得如何了，而在面對未來，他（她）學到了些什麼？哪些可以用得著？哪些要拋棄？哪些要新學習。

RAA的機制：要能定期反思，問自己哪些可以用得著？怎麼用？這是一個學習的旅程。

教練不做「培訓」或「教導」，除非得到學員的同意，這是一個學習的環境，一切以釋放學員的潛能為主。

創造急迫感的領導者

一個好的決策如果沒有行動，它不叫「決策」，它只是個「意向」。我們在GROWS 2.0 裡提到「六個RM」就是要每個決定能夠落地，要有急迫感。

Right Man and Members，對的領導人與團隊。
Right Motive，對的動機。
Right Moment，對的啟動時刻。
Right Model，對的策略。
Right Method，對的計畫。
Right Management，對的管理。

《領導人的變革法則》一書作者、哈佛商學院教授科特曾指出，要在公司裡燃起急迫感，創造強大的變革動力，策略應該是：說之以理，加上動之以情，再加上外來的壓力。也就是說，不只是拿出資料、資料，還要加上沒有修飾過的事實，例如顧客的憤怒，來和內部分享。

另外，要學習和危機做朋友，不要理所當然地把危機視為敵人。因為恰當的危機和外來的壓力，會讓員工更有急迫感，更能加緊腳步變革。

此外，在每個會議、談話中，都要展現你對變革的急迫感。引燃變革的動力之後，要走過變革的旅程，不能只是靠熱情支撐。變革除了靠個人的熱情，還需要有社會性的（例如同儕的壓力），以及結構性的改變與激勵（例如目標指標與激勵）。在各種因素的配合下，才能讓變革持續進展，才能企業長青。從這個角度來講，現今的不景氣來得正是時候。它逼迫我們現在就必須變，而不是等到明年，不是等我們完成手上這個專案後才改變，而是現在。你預備好啟動了沒？

英特爾前董事長葛洛夫博士在1994年的「奔騰處理器」危機過後，他給每一個員工一個鑰匙圈，上面寫著：「差勁的公司被危機擊倒，一般的公司能生存，好的企業讓危機更新」。這句話對我們個人也很受用。有一句老話說：「我專注在我能改變的部分，我接受我不能改變的，願我有智慧知道什麼是能改變的，什麼是不能改變的。」如果我們還在被動的等待外面環境或他人的改變，那將會是漫長的等待，我們也將會很失望。

我們自己才是真正改變的源頭，讓我們自己成為改變的發動引擎，「這是我們可以主動改變的」，這是教練的基本信念：每個人都有能力改變，這是他（她）的選擇。教練的責任是「喚醒他（她）的潛能，點亮他（她）的陰影，讓他（她）做真正的自己，並且決定馬上啟動。」

這章最後，我要用克萊斯勒前總裁李‧艾柯卡最近對美國政府強力推動克萊斯勒轉型的看法，他說：如果我是主導者，我會有不同的思路和做法，我會邀請員工，廠長，銷售人員和經銷商一起來提出解決方案，而不是由政府一手主導。因為員工，廠長和經銷商們每天在面對市場，他們更關心這家企業的存亡，我相

信他們有足夠的能力來面對這問題，只是「專家們」一直沒給他們機會參與而已。

艾柯卡相信員工及協力夥伴們的潛能，他曾經歷過一次類似的風暴，他讓員工代表參與的方法挽救了這家企業。

如果你是美國政府任命去挽救克萊斯勒的專案負責人，你願試試艾柯卡的辦法嗎？這可是「教練型」企業文化發揮的機會！

RAA 時間

反思Reflection 更新Renewal 應用Application 行動Action

1. 你願意成為一個教練型經理人嗎？
2. 你願意成為你自己的教練？你團隊的教練？你要如何做呢？
3. 你願意做個即時的教練嗎？如何做？

10
COACHING
BASED LEADERSHIP

訪談——
國內外企業的教練運作

有一位教練在場，他能引導我們的談話，並不時的提出「另一高度」的問題給我們，讓我們能不要因為短期的壓力而忘記了我們的目的機會，並提醒我們還是有很多的選擇。
——福特汽車人力資源主管

為了更深入瞭解歐美公司對企業教練的實際運作，我們在2009年春天採訪了臺灣及歐美二十四家具代表性的企業做案例分析，這裡面有大企業，有中小企業，也有非營利機構，藝術團體等，希望能提供經驗給國內的各種企業及機構做引進企業教練項目的參考。

　　我們的調查研究經由幾個管道進行：

　　經過「美國企業教練協會」的資深教練對問卷的回饋，確定哪些企業的「企業教練」體制較成熟且具代表性。

　　我透過各種管道找到相關或專案執行者用問卷電話及面對面採訪。

　　我個人的教練檔案。

　　本章的內容有可能不完全精確或全面性的報導該企業在「企業教練」項目的全貌，可能是因為我個人問的問題太片面，或個人的瞭解能力有限，或該企業不能分享太多的資訊；但是我們抱著學習的心態，希望藉由他們的分享，對我們能有所學習。在採訪的過程中，大部分的人都很熱心，願意分享，但大部分企業的條件是不能透漏企業名稱及被採訪者的姓名和個人資料，因為要走完企業的「法律徵詢規定」太過繁瑣，他們的心情我們可以瞭解。我也感謝參與這次調查研究的所有企業及個人對我的協助，如果報導有不正確的地方，本人願負完全責任。

訪談的目的思路和架構

　　我們設計了一系列的問題，目的是要瞭解：

是什麼原因讓你的企業使用教練的服務？你企業的動機何在？

企業及高層主管準備好了嗎？他們自己覺得有需要嗎？引進這項目可能會面對什麼文化衝擊或阻力？

企業支援這專案的最高領導人是誰？

有較急迫性的項目嗎？

專案經理及彙報系統，與現有人才發展系統的接軌與互補。

哪些人是企業教練要服務的第一批對象？他們現在有什麼特別的需要嗎？

如何導入：全面開放？還是先做試點？

如何評估效益？

如何確定企業對外部「企業教練」的需求規格？如何審核？

內部及外部教練機制的建立。

教練合約，費用標準，期限，專案規範管理及期望。

全球統一標準化還是地區授權？

其他。

我們採訪了這二十四家企業，以下是個案的報告，我將這些企業簡單的分成五大類：

十一家來自科技業的一線企業：英特爾、微軟、Google、IBM、奇異（GE）、諾基亞、高通（Qualcomm）、台積電（TSMC）、孟山都公司（Springs Design, Monsanto）及Adobe軟體公司。

三家來自汽車及運動行業：福特汽車美國泰勒發、耐吉。

三家來自專業服務業：美國安永會計師事務所（Ernst & Young），美國畢馬威會計師事務所（KPMG），加拿大銀行（Farm Credit Canada）。

三家來自農業及醫療行業：約翰鹿（John Deer），凱撒醫療服務機構（Kaiser Healthcare）及臺灣的一家傳統企業。

四家來自政府教育及娛樂業：加拿大社會保險機構（Canadian social service），夏威夷教育局（Hawaii school board），美國城市交響樂團（US Orchestra），臺灣的一家外商企業。

案例1：「A公司」的教練體制：全球半導體龍頭企業

企業教練的目的

「A公司」是個全球化的精英人才組織，有工程背景的人才占絕大多數。不管是設計工程師，產品經理，應用工程師，行銷專業還是客服專員。該企業文化的特色之一是「一有新職位機會，內部優先提升」，但在不同領域的人才如何快速有效的適應新職位，這是一大挑戰，「企業教練」的需要因此而生。這個需要在最近這幾年特別急迫，因為「全球化，本地化」的需求更高了。目前，A公司的教練計畫以服務「中高層」主管為主幹，高層主管教練則是因需要而定，不在一般的管理規範裡。

企業教練組織架構及原則

A公司總部有一位全職的「企業教練」專案經理，她負責全球「企業教練」專案的規範及審核：

她負責企業內「企業教練」制度及規範的制定。

她也是一位「認證」的企業教練，所以他瞭解行業規範。

他負責「認證」全球A公司「外部教練」。沒有在她認證名

單裡的人，不能在企業提供服務，依我們的瞭解，她對「行業相關的經驗」是相當重視。

她也培訓內部「企業教練」。

她決定企業教練的標準合約，價目，及其他必要的服務條款。

她不負責教練服務的需求，合約簽訂，項目實踐及績效評估。這是使用單位要負責的。

外部教練認證

因全球教練培訓機構太多，有些培訓機構只要看看光碟，再上幾堂週末課，就可拿到證書，品質參差不齊。據我們所知，A公司只接受美國三家教練培訓機構的畢業生和認證。

他們目前由總部集體管理以確保品質。外部教練約四十餘人，在海外的認證教練不斷在增加中。

在美國效益明顯，只是海外的認證教練有限，能通本地語言及文化的人更少。

在亞洲，特別在中國，是急需的項目，因市場的高度成長，需要更多的本地領軍人。

實施

總部認證：總部「企業教練」項目經理負責全球外部「企業教練」的認證。將這名單放在企業內部資料庫。

需求及預算

由各單位（包含廠區，事業部門，銷售，服務……等）主管提出需求，編列人才發展或培訓預算，到人力資源處申請使用「教練」服務。

地區列名：

各區的人力資源處在「合格教練」名單中選出「較適當」的

教練。他們可能具有上面所說的「應用型教練」或「專業型教練」，或「這些教練有地區地理或文化優勢」。

面試：

學員會與教練見面，談他（她）的需要及專業，確認他們「來電」能互相信任，建立好的夥伴關係。之後才開始立項，與當地的人力發展資源處簽訂合約。

啟動：

基本上是有學員與教練間的互動，主管提供協助。最主要的目標是「發揮員工潛能，提高積極性，強化員工對企業的貢獻度」。

經驗分享：

總部專案經理管理專案的品質：認證，規範，價目，合約。

海外地區主管做決策及負責實踐的流程管理。

綜合考評在匯總到總部，以更新企業教練的服務品質。

在現階段對使命及目的要求上，該公司在教練使用的「中央統合」及「地區授權」均衡上，是一個好的模式，特別是當海外人力發展團隊還沒有能力來做這件事時。

案例2：諾基亞

諾基亞的做法是以「項目」做與教練合作的標的。比如他們曾有一個全球管理層「領導力發展」專案，他們選定了一家專業的「領導力諮詢」公司針對這個項目簽約，這諮詢公司的建議是「先做四天的領導力培訓」，然後經過培訓後，依個人的需要給予不同的發展建議，一對一的企業教練是其中的一個選項。這是總部「組織及人才發展」部門啟動的「全球性人才發展」培訓專

案，但下一步的個人發展計畫就是地區總部來執行了。

以這個項目而言，這家諮詢公司就動用了十五個國際級教練，在全世界各地實施了近一年半的時間。這家美國「領導力諮詢公司」與合格的企業教練合作，可能在當地也可能是外地教練，他們可透過遠端電話來做教練型教導，基於「最合適的教練」原則來進行。

諾基亞這類的項目還有可能是「高層領導力發展」或「行銷專業團隊發展」，遴選這方面專業的諮詢或教練公司，由他們的全球「企業教練」夥伴針對專案的需要全球連線，同步進行，可能是地區性的，也有可能是全球性的。

案例3：「T公司」世界級半導體晶片設計製造大廠

因為企業教練發源於九〇年代的美國，T公司的引進模式是在美國與「美國教練企業」簽全球契約。他們的引進點是在美國分公司，待試點發生效用後才引進總公司，擴散到全球分公司。他們由美國分公司在數年前開始啟動，和聖荷西的一家「教練公司」合作，實施後總結效果很好，然後延伸到總部，但是合約還是和這家美國企業簽。但據瞭解，在總部合作的教練是本地他們認證的「合格教練」，以確保地緣及文化的接合，能更有效的為客戶服務。

這個模式有他們的歷史因素，一來是因為在美國以外地區的「國際認證教練」太缺乏，二來企業對教練引進還沒累積足夠的經驗，三來是本地的「企業教練」還沒完全和國際接軌。為確保品質，目前才會還是沿用舊合約。慢慢的，這個現象會改善。

經驗分享：

在美國喬治亞大學與美國教練協會在2008年新一期「企業教練市場調查研究報告」裡指出，65％的企業要求「企業教練」要有專業認證執照，相較於三年前的50％提高許多。教練要經過專業的培訓，而不是由「高階主管直接轉型做教練」，這專業的門檻差距非常的大。這也是確保品質的一個方法。國內大部分的企業剛開始啟動「教練」項目，用有「國際級教練執照」的教練是一個較保險的選擇。國內這種人才越來越多，文化及語言的接合也是引用「本地合格教練」的另一優勢考量。

案例4：Google的科技導師

由於Google特殊的企業及人才特質，他們共同的特徵是都有深厚的工程專業背景，基於此再往上提升到溝通及組織管理能力的提升。他們的內部人才發展機制是這樣的：

目的：

除了技術，還要強化溝通及組織管理的能力。

教練（導師）：全部是內部教練（導師，Mentor），比被培訓的人員（學員）多出一兩個層級，而且是「品學兼優的高職能」員工。他們對學員的工作內容要能熟悉，他也清楚學員的需要，最重要的是要有熱情，溝通能力及同理心。唯一要注意的是「教練（導師）」不能和學員有「直屬報告」關係才會有效，但層級也不能差太遠，否則，對學員的工作內容和環境可能就沒太深的體驗。

學員：

大部分的員工都有教練（導師），特別是哪些有高潛力的員工。剛開始由技術部門啟動，因對 Google 來說，這是關鍵，現在已延伸到各部門了。這教練的時間沒有時間限制，依個人及專案的需要。

經驗分享：

這是一個很好「企業內導師制度」的範例，特別是在以「技術為主」的企業。

案例5：微軟

我在最近有機會採訪了微軟一個事業單位的全球人力發展部門主管。這是我和她的對談：

問：微軟在經濟不景氣時，人力發展部門的最主要任務是什麼？

在這波經濟風暴，微軟也逃不掉，我們在2009年元月份裁員百分之四。當我們在做這些動作時，我們在人力資源部門心裡想的是：第一，人才：我們的人才不能流失，特別是那些能創建企業未來的人才。第二，流程：給留下來的領導人更多的支持。第三，基礎架構，包含組織：我們還有什麼地方要改善的？這是我們的強項。

問：談談企業教練，微軟是怎麼做的？

你由外部看我們的教練系統會覺得有點亂，但我們亂中有序。

有關教練專案，微軟最核心的組織是「TOC」團隊，它是整個企業人才發展的啟動力量。

我們曾經嘗試發展內部教練，也送人到外部的培訓機構，但是最後沒有成功，也許是大家工作太忙了，沒法兼作企業教練，現在只有少數內部教練。

我們會基於「主題」，由當地的主管協同確認合格的外部企業教練來承包這項目。我們沒有很清楚的界限，由部門的主管做最後決定，我們深信靈活性及個性化的需求是這種專案的主要價值，我們不認為統一規劃管理是正確的決定，至少在微軟是這樣的。

問：外部的企業教練基本的需求是什麼？

他（她）要能清楚的瞭解微軟今日的環境，包含行業，技術及市場。唯有如此，教練才能好學員做很有效的溝通。文化及行業的相容是我們所看重的。最好是當地區的合格認證教練，不只能瞭解微軟的文化，具有當地的文化也是很重要。

我們沒有設立一套評估系統，但我們的員工事後要提一份報告，這裡頭會涵蓋了對教練的回饋，這也是我們看重的。

問：在景氣不佳時，你們有什麼特別的發展項目嗎？

微軟的企業文化容許我們做一些創新，包含人力發展部門。在景氣較差的時候，我們多加了一個新的人才發展計畫：將高潛力人才做個三到六個月的輪調，讓他們體驗新環境，並配給一位企業教練，來加速他們的成長學習。

我們認為真正的成長不只在經歷過，而是在經歷過後的回饋學習。企業教練是最好的選擇。

問：內部和外部企業教練會有衝突嗎？如何調整？

這是一個好問題，我們每年會邀請所有的內部及外部的企業教練做一天的面對面交誼與分享，建立關係，也能互相提共支

持。我們儘量用這機制將衝突減少到最低。

案例6：Q公司（全球無線通訊高新科技企業）

我和該企業美國總部「組織發展」部門主管在這主題上有一次交流的機會。以下是摘要：

問：你認為執行「企業教練」項目有哪些關鍵要素？

第一：教練教導的主題要與企業的目標一致。

第二：高層領導人的支持是必須的。

第三：教練教導的主題目標要同時與學員及他（她）的直屬主管確認。

第四：評估及回饋。第五：教練本人對本公司的文化，市場，差異性，商業背景的瞭解與認同。

問：哪些員工是你企業主要的「教練」服務對象？

包含兩個層級；設計及資深經理及總監級以上的高層主管。我們基於需要同時使用內部及外部教練。外部教練偏重在為總監及副總級以上的高層領導人服務。

問：你們如何找到合適的外部教練？

我們有個「企業教練」資料庫，他們可能是專業教練，可能經由我們過去合作過的「領導力發展」專案認識的傑出教練夥伴，針對員工的個別發展需要，我們確定可以找到合適的教練。

問：誰做最後決定？

我們的「學習中心」專員建立資料庫及聯繫，員工基於學習中心轉員的推介，來做最後的確認及決定。

問：一般的外部教練合約是多長？

三到六個月。

問：你們有標準的教練合作契約嗎？

應說有，但是我們保持彈性，依照員工的層級及需要來調整，它有一致性。

問：你們有內部評估機制嗎？

有的。

問：你覺得還有哪些方面你的經驗可以和我們分享的？

我希望多瞭解其他的企業是怎麼做的？瞭解他們對「學習型組織發展」及「人才發展」的見解，以及他們的最佳實踐方案，向其他企業學習將是一個有趣的主題。

案例7：奇異（GE）內部的人才培育機制

我對這個主題請教一位GE培訓中心退休高層主管，他充滿自信以及專業的建議使我印象深刻，以下是摘要：

GE最重要的人才培育機制是企業內部個個層級的「導師制度」，最高層的支持是毫無疑問的，這專案的效益決定在於「學員」與「導師」間的互動，最重要的是學員要能主動，知道他要哪類型的導師來幫他（她）忙，然後再自己或經由人才發展中心協助去找到「合適」的「導師」，他們一般都是位階較高的主管。我們偏重的目標是「潛力人才」的發展，至於如何認定，GE有它的一套系統。

外部「企業教練」只用在最頂層領導人的一些特別項目上，如領導力轉型等。

我們是一家非常結果導向的企業，每一個年度我們會針對

「人才培育」這主題來檢討：我們「做了哪些項目？」（結果），「怎麼做的？」（價值），還需要做什麼？這套系統非常有效。

最後，我要特別分享「傳承：接班人的人才培育」機制，這是每天都在發生的事，除了「明日之星」人才培育，我建議大家也要重視「接班人」的培養，不只是高層領導的接班人，也是個個層級管理人的接班人，這是「企業長青」的秘密，這人才庫也是GE最大的資產。

案例8：ADOBE公司的ALE領導人培育計畫

這家公司人力部門副總裁在2009年四月份接受了美國培訓發展協會（America Society of Training andDevelopment, ASTD）的專訪，談到他們的「領導力發展計畫」（Adobe Leadership Experience, ALE）。這是部分的摘要：

培訓對象：總監級別以上高層人員：工作職能，表現傑出及未來成長潛力員工。

合作對象：與柏克萊大學管理學院及一家TRI顧問公司一起研發培訓內容及課程。

實踐流程：先做一個十個人的試點，再全面展開，要能第一次就做好。

籌備的一些思考關鍵點：對高層主管五天是否太長？各部門工作差異大，規模不同，教育背景也不同，他們需要哪些共同的培訓內容？

預備動作：徵詢參與者對企業最有效領導者必備的能力。哪些是下一代領導人必備的成功要件？

第一階段

評估：針對預備動作裡的徵詢結果，由外部教練對每一位參與人員做面對面的訪談，也做個人意向調查，探尋他們個人的強項弱點熱情及生涯規劃。

第二階段：五天研討會

這是與柏克萊大學管理學院及TRI顧問公司一起研發培訓內容及課程。內容分三部分：

培訓教導：由教授們教導有關職能上的專業，如領導力，策略，行銷，國際化運作，創新，財務，人力資源……等。

如何應用在企業內部個案討論。

小組案例模擬比賽：針對一些不可抗拒或預測的因素，如果你是領導人，你會怎麼做？在結束時作彙報，針對三大測試點：風險管理，成長機會，企業長青。最後小組討論，大團隊分享學習經驗。

第三階段：學員追蹤及評估

前三個月針對個人的需要，可以找外部教練做個案教導，或找個ALE同學做項目學習。

專案評估指標有：

· 商業績效：商業機會的增加，流程改善，管理能力等。

· 能力改善績效：全球團隊運作，人員流動率，團隊績效，人員向上提升的能力。

具體成效

副總裁由內部升任的比例從由56％成長到80％。

案例9：福特汽車

在經過好長的暴風雨區後，最近總算可以和福特北美區人力資源發展主管談談了，這位對象是我「教練培訓學院」的同班同學，以下是訪問摘要：

問：談談新近的福特人力發展狀況。

當危機來臨時，各部門的主管就越是「本位主義」，如保護自己，情緒問題及跨部門的溝通合作問題越來越嚴重，特別是在高層主管。雖然我們已經和其他兩家汽車廠，通用及克萊斯勒，在消費者心理及市場印象上已經提升了很大差距，我們的股票也在過去兩個月已經翻了兩番。但是內部問題仍然嚴重。

我們決定找一家外部諮詢公司來引進「團隊領導力」研討會，只選十個最頂級高層主管及兩個企業教練，我們花了兩天一夜在一起，這是一個企業教練的教導模式，我們圍繞著幾個主題，大家一起來討論。這主題可能是「目標」，可能是「困難挑戰」，也可能是「我們該往那兒走？」之類的話題。在教練的引導下，我們不只是更開誠佈公的談主題，我們也發現了許多我們一直在迴避的問題，在經過溝通後，我們取得信任和共識，有深度，廣度及高度的對談，在離開會場時，我們都覺得都好似個重新得到力量的新人，有新的目標和方向，有著力的重點。用這種「教練法」的對談真是有效。

問：你能就這次的經驗分享一下你的經驗嗎？

最主要的是要有一位教練在場，他能引導我們的談話，並不時的提出「另一高度」的問題給我們，讓我們能不要因為短期的壓力而忘記了我們的目的機會，並提醒我們還是有很多的選擇。

其次，要預備好的問題，每次二到三個開放性的問題，不要貪多，讓大家參與討論。不預設立場，只談共識及行動，其實這就是「團隊教練」的雛形。

另外，會議的帶引者與會議管理也是重點，當有人離題或有情緒性發言時，要適時提醒。也要引導人們做結論，由誰負責？什麼時候做到？這是「高效能人士的基本開會技巧」，只是我們加進了教練的元素，使這些會議更成功，特別是在高層主管和在這高壓力的時刻。

最後，大家要能承諾，全神貫注到這會談來，大家關掉手機，專心參與這次的討論。我覺得我們這幾次做得很好。

問：在目前這種高壓力時刻，你們還做了些什麼？

我們還針對高層主管做了一天的「時間管理培訓」，在高層主管眼裡，我們關心的不在個人時間本身的管理，而是個人「能量管理」，這有些像你（本書作者）和我們分享的個人「價值和能量」管理一樣。這不是培訓，而是再一次做你所說的「喚醒，點燈」的動作，讓我們不要為了一些小事而浪費了更多寶貴的資源，而要分清哪個重要。在我們企業裡，這群高層主管是最終的資源經營者與整合者，這點至關重要。

問：我能進一步瞭解福特汽車在人才培育與發展方面的思路與做法嗎？

過去我們是「生產企業」，產品開發期一般是五年，可以賣十年。現今我們必須轉型為「市場行銷型企業」，產品開發期不能超過兩年，可能只暢銷一年。

經歷了最近這次經濟風暴，我們的體驗更深，我們必須加速轉變。但是我們的中高層領導人大多是由底層技術生產專業提升上來，他們的設計、技術工藝特別好，但是對於人與人間的合作

溝通，甚至於影響他人就不是他們的專長了。過去景氣好的時候還沒感到這急迫性，但這次的經濟風暴確實是喚醒我們了，必須馬上行動。

我們決定強化在1997年開始在內部啟動的「領導力發展計畫」，針對企業內部百分之十的高層領導人，包含技術，生產，計畫，物流，行銷，財務……等，針對幾個「管理與領導」的主題做基本建設，我們也做了內部調查，瞭解員工對內部管理，領導與服務的回饋與建議。

另外，我們與一家「企業主管教練」顧問諮詢公司合作，提供高層領導力的個人「一對一」教練，這是我們對文化轉型的重要步驟，我們需要轉變成為更開放的「教練型」企業文化，這是我們在組織發展的一大投資。員工們都非常的興奮，我們的營業額也在大幅成長，我們對這轉型非常樂觀。

案例10：美國泰勒發高球球具公司的「企業教練」系統

這家公司將他們的企業轉型案例登載在2008年的美國《國際企業教練期刊》；我也有幸在2009年4月初的一個企業教練年會裡和他們的企業教練專案主管大衛‧百里（David Berry）做了一次面對面專訪：

問：是什麼原因使貴公司引進企業教練的？
危機就是轉機，由高層開始啟動。

在2000年時，我們公司總裁發現高層管理者間的互動性很差；不溝通、不合作，每個單位好似一個孤島，每個單位非常的自我中心，保護自己而不顧企業大局。公司的成長面臨威脅。他

知道必須採取行動了。我們的總裁以前有使用過領導力諮詢及企業教練的經驗，他也深知這是解決問題的關鍵。

最高層主管的支持是關鍵

我們請了一個外面的「企業領導力諮詢顧問」，針對高層間的溝通及合作問題。顧問公司對每一個高層主管做領導力評估，並做一對一對談，徹底瞭解他們對目前團隊狀況的看法及感受，也同時聽取了意見。總裁當然免不了會面對很強的阻力，但他的企圖心很清楚的告訴高層主管們：「我們必須改變」，慢慢的，這些高層主管改變他們的互相競爭模式和態度，轉而跟隨總裁，這個轉型時期總共花了四年的時間，那時我們的年營業額是三億美元。現在我們是十二億美元的企業，整整成長了四倍。「教練型」的企業文化讓我們活力充沛，更像一家「高級體育用品」名牌供應商。

問：如何建立「教練型企業文化」？如何與外部企業教練連結？

我們深信「教練型企業文化」是整個專案的成功關鍵。如何打破個人及部門的圍牆，能更透明、更開放與更多溝通與合作是我們的目標。我們也知道這必須由高層主管做起。同時我們也希望企業教練對本業或企業內文化經驗有所瞭解，這會提供直接的幫助。它可以直接進入狀況，瞭解學員的語言感受及需要，直接進入主題。但我們在選擇企業教練時也特別謹慎，別將「企業教練」的「個人經驗的老一套」以及「盲點」帶過來。我們希望教練能用他們的專業能量來幫助學員發揮潛能，提升績效。

問：如何建立內部企業教練能力？

除了繼續沿用外部企業教練外（我們目前使用了兩個外部企業教練），我們也開始建立內部企業教練的能力。首先，本公

司的人事部門副總裁第一個到外部受訓，他是本公司第一個拿到「認證企業教練」執照的人。之後，由2004年至今，我們陸續送出十四個人參加外部專業培訓，並已拿到執照。其中有八位仍在本公司服務。

我們的做法是外部教練專注在高層主管教練或內部教練沒法達成的專案；如領導力，人才發展……等。目前，我們總共有六十位高層主管（總監，副總裁，資深副總裁）及二十五位明日之星高潛力人才正在接受「教練式」輔導。

問：那「領導力發展計畫」又是如何啟動的？

針對這六十位高層主管，我們設計了以十五人為一單元的「領導力發展研討會」，十二個單元，隔周上課，每一季度面對面上課，共兩個季度完成。這是個「研討會＋教練能力」培訓營，目標是建立一個「教練型」的企業文化。已實施了四年多了，我們的營業額也成長了四倍，雖不能完全歸功於「企業教練文化」，但我們知道這是我們成長的動力引擎。我們不斷投入在這個項目上。

問：如果你重來，你會有什麼不同的做法？

第一：高層的主動參與還是太低：對於副總級以上的高層還是用「太忙」來敷衍。他們可能還沒有完全體驗「企業教練」的精髓或有個人內部權力競爭的壓力。依我個人的估計，大概只有20%的高管完全認同擁抱「企業教練」項目。當企業或部門面對問題，如裁員，這類的高管表現得就會特別人性化，員工對他們的支持也相對高些。

第二：內部企業教練的未來發展路徑：他們無私的奉獻，每週除了自己的工作之外，還要花五到十個鐘頭的時間來提供服務。我們培訓了十四個，其中有六個選擇離開了。二來是工作的

壓力，二來是他們多了一個職業選擇，可以做獨立的教練了。

第三：內部企業教練人選的規範：個性要對，要有心幫助人，其次是要能聽，能問對問題，對人性心理學有興趣，當然他們也要衡量工作量的平衡。作者與一位內部企業教練面談，她神采飛揚，很有熱情，她告訴我每週多花十個小時在這項目，有可能在下班或週末，沒有特別報酬，但她說「這是值得做的事」。看到她的笑容，我相信她說的話。

第四：有些人是抱著「試試」的心態：多學一技之長，能與更多人交往，認識更多的人。這不是我們要的人選，以後要更嚴格來篩選。

第五：學員的「教練主題」還是不清晰，太多的「問題處理」，如壓力或關係問題，而少在潛能發展上著墨。

第六：學習小組的設立：建立以五到八人的學習小組，應用「教練」技術互相分享幫助，這才能加速「教練型企業文化」的落實。

案例11：Ernst & Young 的「內部企業教練」培育系統

Ernst & Young 是全球頂尖的企業財務稽核及諮詢機構。我很幸運的和他們的人力資源部副總裁一起學習「企業教練」認證課程。所以這篇內容是該公司引進「企業教練」的心路歷程。

約在兩年前，該公司深覺「企業教練」對企業人才發展的價值。除了與外部教練對高層領導人做「教練」外，他們花更多的資源在內部「企業教練」能力及系統的建立，大致的流程是：

企業教練的內部人才從哪來：

該公司現有四十位「組織發展」顧問及四位認證教練為他們的客戶提供服務。他們就由這四十人中徵求志願培訓者，第一批有十四人被錄取，在選擇的過程中地區，事業部門及行業特色間的平衡都是考量的要素。

如何確認這些人合適當企業教練？

當然必要是「自願的」，要有熱情，承諾，也要瞭解個人的能量，能有「自我認知，自我管理及傾聽能力」，他（她）能贏得信任，願意也敢在與學員對談時提出有挑戰性的問題而不激怒學員，能保持好的關係。他（她）也有能力提出不同高度的見解，願意學習成為「教練」。這是基本的承諾。

早期應徵者要經過360度回饋，情商測試及九項人格特質測試，現在決定只留360度回饋測試系統在這流程裡。

如何培育企業教練？

這是個內部教練培育流程，原則上每期以不超過十八人為原則。

開始是一個兩天面對面密集「教練技術」培訓，然後用視訊會議來培訓，因為他們已有一定的基礎。他們有內部研發的教練培訓課程，八個模組。六個教練基本技術：由開始接觸，學員教練確認，建立信任，瞭解「教練專案」，360度回饋，一起發展出可能的「行動方案」，挑戰高標準，確立行動方案，團隊支持，評估，追蹤，回饋。

在學習過程中，要求每一個學員建立自己的「發展計畫」。平常有個「教練學習圈」（Coaching Circle），四到五人一組，定期討論學習。也要找到自己的「導師」，為你提供學習進展的回饋及建議。學期末了，要交一篇文章總結個人的學習心得及教練模型。最後也是最難的：面試。 這才過關。目前是約每一年開一

班。

經驗分享：

第一：教練的能力不是由學習培訓來的，而是要「實做」。現在他們要強化這個部分。

第二：在企業內部，企業教練和學員間的「教練合約」不夠清晰，造成「目的」不清，而造成效果不彰，浪費時間。

第三：學員的後續培育系統：他們建立一個「教練圈」給學員，讓他們在六個月內還能與教練保持聯繫並諮詢，要能有持續性。

第四：教練工作壓力大，對時間的承諾不佳：這是個大問題，他（她）們還有原本的工作要做，這是附加的部分，對他們來說，原本的熱情承諾變成了重擔。每個案例要約四次兩個月，每人有四到五個學員，加上預備時間，每月約二十小時的多餘付出。

第五：內部教練談論的主題多偏向於生涯規劃，內部機會及發展，職業焦躁，壓力解除……等，這是內部教練的優勢，但最後也被如此定位，喪失了「發展潛能，提升高度，展現優勢」的機會。

最新的發展：

經濟景氣不好，許多企業減少培訓的預算，我們的做法則是相反，我們預計投入四億五千萬美元在這項目上，和去年相當。我們的思路是當景氣不好時，積極的員工都希望他們對企業有更多更好的貢獻。我們針對這個需要採取了一些重要的措施：

導師制度的強化：不在統一教材，而改成「因材因地」施教，有更多差異性的學習模組，建立更嚴謹的導師制度，流程及回饋機制。

投入能力發展：他們可藉這個機會學習下一階段需要的能力，比如他（她）如果目前只負責私人企業，如果他願意，我們可以提供「上市企業」相關技能的培訓。

內部生涯規劃為主的教練：定期與員工交流，將人才放到對的地方，這是我們人才發展策略的主要目標。

外部企業教練：這一直是我們對發展潛力人才及提升領導力的重要方法。

我們認為這項投資會幫助員工更投入企業目標，與公司有更好的連結，人員流動率較同行低。當經濟景氣回轉時，我們就準備好了。

案例12：J公司（全球最大農機具製造集團）

花了近兩個月的時間，我和這家企業的「組織發展部門人才發展及企業教練專案主管」有了近兩小時的交談。

問：你貴公司引進「企業教練」的動機是什麼？

這是十六年前的事了，我們發覺「企業教練」這個管理工具對領導力的價值，我們就開始了這個項目，開始建立「內部教練」，初期是針對「女性員工」及「少數民族」員工提供工作上的協助，但是很快就擴散到企業個層級了。

問：你能簡單介紹它在你企業是怎麼運作的嗎？

我們有七十五個內部企業教練，他們全是志願者，他們有一個全職的工作；經過篩選後，再密集的培訓成為企業內「合格企業教練」，我們期望他們每人每年能提供四到六個教練服務。但

這不是必須的責任，因他們還有全職的工作，那才是優先的事。我們開放這服務給每一個員工，他們只要在企業網站上填上他們的需要（這是保密的），我們就會提供教練人選的建議，他們也可以自己選。很多「教練式的教導」是在電話裡進行，因為我們是全球企業。

問：針對高層主管，你們有什麼特別專案嗎？

問得好，三年前我們重新啟動一個針對高層主管的「企業教練」項目。我們篩選了一家全球性的企業教練服務供應商，他們有兩百五十位合約「教練」散佈在全球各地。我們分成三個階段：

第一階段：針對CEO及他的直屬幹部（領導團隊）：這是每年兩天的團隊式教練，加上個人一對一的教練，主題是「策略性領導力發展」。

第二階段：我們發覺效果很好，決定擴大到下一個層級，就是「總監級」以上的幹部。

第三階段：去年，我們加進了「高潛力員工」，我們希望將「教練能力」成為企業的基本能力及文化。

問：你們的「內部教練」是如何建立及培訓的？

我們在企業內部不斷的徵求「教練」志願者，他（她）們必須超過一定的職位層級及管理領導經驗；他（她）們也必須接受過「教練」服務，真正瞭解教練的價值。這是入門階段；我們然後開始我們的甄選作業：性格測試，個人的信用及保密能力，最後部門老闆要能認同這個人是否合適，這是群體決策流程。如果通過了，我們就開始進入培訓計畫：

開始是一個兩天的個人教練體驗（當個學員），讓他（她）瞭解我們認同的教練模式，和他（她）再次互動，最後確認他

（她）的合適性。

第二階段開始一系列教練技巧的培訓與實踐，每次兩天，共需八周，我們也要求他（她）至少教練教導兩個學員，由教練輔導員幫助他們，並作最後確認是否合格。他（她）們對企業沒有責任，這是企業內部可用的資源。

問：企業教練項目在你企業內部是怎麼運作的呢？

我是公司全球「企業教練」單位主管，我負責內部及外部企業教練的資源整合，監管與回饋，內部企業教練的培訓，內部教練服務的需求及運行，我的職位是「組織發展部門，人才發展及企業教練專案主管」。我們面對的最大困難是內部教練的時間安排，他們常常被日常的運作事務綁住了，要用太多的私人時間。

問：你認為「企業教練」的成功要件是什麼？

要從高層出發。我比較幸運，因我們企業有悠久的「企業教練」傳統歷史；再來就是要有好的「教練」，否則容易變成「交誼會」；要有一個中央監管機制，管控流程品質還有需求；最後我認為「企業教練文化」是很重要的，領導人要以「問問題」來取代「指示或教導」，這是一個很大的突破。

問：最後，如果你能再重來一次，你會做哪些改變？

答：高層主管的教練這一塊，我是絕對不會變，我覺得我們做得很好。如果需要改變，我可能在這幾方面著手：第一：內部教練的來源：目前的內部教練常常分不了身，我們可能要強化在「人力資源部門員工的參與及培訓」，這可能可以解決這個問題，他們的身份專業也合適，另一個可開發的人才庫是「高潛力人才」，我們希望他們都能有「教練」的能力。第二：早期我們由底層啟動，如果能由高層啟動，效益會更大些。第三：我開始要注重「文化的差異化」及「全球跨文化的領導力」，我們現在

還是用統一的標準方法在全球運作，要快速檢討這個主題了。

案例13：美國凱撒醫療保險服務集團

我在2009年4月份有機會與這家全美最大的醫療保險服務集團的人力資源部門副總裁在一個「企業教練」年會裡做了一次面對面的簡短採訪：

問：是什麼原因讓你們決定引進「企業教練」系統？

我們沒有選擇，為了面對以下兩個大挑戰：

第一：改善提升我們的「服務文化」水準，我們太忙，對客戶的服務品質在下降。

第二：強化或培育領導人的能力。我們這一行每天面對太多的工作壓力及許許多多客戶的需求。我們必須趕快投入到一些重要的事，未來的人才發展是其中一個大專案。

據我們的瞭解，「企業教練」是我們最佳、也是唯一的選擇。這也是我為什麼到這「教練年會」來的原因，我需要成為合格認證的企業教練，我才能完全掌握這個專案的精髓。

問：你們這專案如何開始的？

我們剛開始不貪大，只專注在「中層主管」身上，因為他們對我們的兩個目標的衝擊力最大。他們也是我們的計畫初期試點。

問：我很好奇，這計畫在你們公司是誰第一個提出來的？

是我們的執行副總裁，他最先提出這個建議，得到包含人事部副總裁及所有高層主管的支援，這是關鍵點。這使我們在企業的最高層級會議裡頭不斷討論並分享經驗。

問：你能和我們分享一下你們的專案目前是怎麼做的嗎？

我們在「組織發展部門」下建立了一個四人的「企業教練發展」領導小組，我兼組長。我們有專案預算，在第一階段，我們決定做以下幾個項目：

第一：建立典範：引進外部企業教練做高層主管教練，為未來內部「企業教練」模型建立基礎。

第二：開「領導力」研討會：這是建立「教練型文化」的必要步驟。

第三：第一年計畫送十五個員工參與外面認證培訓，成為我們內部「企業教練」的種子部隊，目前一切照計畫進行。

我們剛剛投入不久，我個人也在第一批認證培訓名單內，我相信，這是一個對的選擇，特別是我們醫療服務業。

案例14：社會福利國家的「教練」服務機制

在國際上一些社會福利國家，如歐洲及加拿大，他們提供幾個「人生教練」服務：

當員工被辭退時

企業有責任提供一個三個月的「人生教練」服務，來幫助這員工能重新找到方向，能重新站立，面對社會，而不至於變成社會的負擔，這是企業的責任。我在加拿大的教練朋友們最近都很忙，主要是提供這方面的服務。

當員工即將退休時

企業也有責任提供一個人生轉型的「教練」服務，幫助退休的員工如何面對人生下半場.如何有效的來調整他們即將要面

對的角色改變（社會與家庭），身份改變，關係改變，收入支出及消費行為改變，優先次序的改變……等，如何來面對這些改變？企業和外面的專業教練建立合約，來幫助退休員工轉型，這對企業，員工及社會都是好的。

經驗分享

這是一個好的機制，這也應該是企業「社會責任」的一環，如何將「被企業辭退員工」，「退休員工」做轉型，讓他們找到新的位置，而不要成為社會的負擔？

案例15：夏威夷教育局的教練專案（旅遊發展教育）

談到夏威夷，就使我們想到度假旅遊，但對當地人來說，如何培育出好的下一代，以使旅遊服務品質能更好的成長，教育扮演一個關鍵角色。

在2008年下半年，夏威夷教育局邀請了三位專業教練負責成立一個項目「教學改造計畫」，如何由「教學為主」的教育法，改變成為「發展學生潛能」的「教練教學法」。

這三個教練合作先對學區內十六個校長及教學主任做一個三天的校外培訓（地點當然在夏威夷），由「領導力發展研討會」啟動，再加上兩個季度的個別「教練」，找出每個學校的特色及潛能，再進一步設定發展計畫。夏威夷是個旅遊業為主的城市，必須發展潛能，尋求差異化，提升服務品質。這個項目的重點是將「教學」轉型成「發展潛能」的教練型教導。目前這個計畫還在繼續中。

案例16：美國城市交響樂團教練

我在企業教練年會也見到了一位專注在「藝術團隊」的教練，這引起了我極大的興趣，到底藝術團隊的教練和企業教練有什麼差異嗎？我特別專訪了這位女士，以下是她的摘要陳述：

藝術團隊有好幾種類型；有一種是專注在技藝的精鍊，他們要把音樂，樂器，樂團，作曲，指揮……等結合得最好，給觀眾最好的聽覺享受。

還有一種類型的演奏家或團隊是強調和觀眾的互動及情感交流，這是教練的合作對象。除了技藝，他們還需要學會和觀眾「在音樂裡對談」，就好似講演者的訓練一樣，除了要顧及樂團的合作外，他開始要學會如何面對觀眾，一次一個，要能眼睛接觸，讓對方有「我為你演奏」的感覺。他們不再閉著眼演奏，他們眼睛瞄著觀眾，並與他們互動。我們看到熱門音樂會的熱情，就是如此原因。我們認為所有的藝術家都是為人服務的，一次一個，做交流互動，能感動人的心。

這是心態的轉型，音樂家以前是冰冷的孤島，現在和觀眾會有情感的接觸，這是一大步。如何建立他們對的心態，能放輕鬆，能有熱情和幽默感，告訴自己只要做最好的自己就是成功。

案例17：臺灣G公司：一家傳統行業的中型企業

和傳統的中小企業沒什麼兩樣，這個案例的公司老闆每天兢兢業業的努力在經營管理公司的運營和發展，用生產力指標，效率，績效和結果導向，系統化結構化的在運作；每天關心的是訂

單，客戶，品質，成本和流程。他們壓力大，沒有太大的興趣和時間來認識「教練」這個新名詞，唯一關心的是「經營面對難題時，該怎麼辦？」

有一次，針對一個經營相關的問題項目，他們請來一位有教練背景的「顧問」，這位顧問用的不是傳統「顧問」手法而直接給答案，他用的是「教練式」的諮詢法「讓這個團隊自己說話」，他帶入了「建設性」領導力研討會，針對這個問題，讓員工自己說話，以這個「教練型」顧問的說法是，「領導力的問題會自動的浮上來」，他以教練手法，給參與的員工反思，作業，並要求隔天對該公司的老闆及高層領導彙報。

隔天老闆看到員工的熱情和改變也大吃一驚，當場給予肯定與大力支持；會後老闆問這位「顧問」你用了什麼秘方？這時候，「教練」開始進入這家企業，這位顧問正式脫掉「顧問」的外衣而套上「教練」的頭銜進入該企業，「教練」也成為該企業的文化！

學習心得：

不要太高調談「教練」，特別是對中小企業，他們聽不進去，要先給甜頭吃，運用教練的技能來幫助他們解決問題，同時改變人的行為，促成績效的改善，讓老闆體驗到「教練」的價值，才有機會運用到人才發展的相關項目上，這才更有智慧。

案例18：在臺灣外商C公司的接班人教練

這是一則通例，「外商在本地分公司的接班人如何培育？」而可以用在臺灣的外商，更可以用在企業在海外的發展，海外分公司或海外設廠的領導人才如何培育？這是每個企業每天都會面

對的問題，派出總部的人才要能適度，才能發揮當地團隊的最大綜效。

這個企業要開始啟動本地接班人的項目，候選人已經確認，他是技術部門的主管，對企業的認同度高，他需要教練的目的是：如何由技術導向的工作轉向到人的工作？做個團隊領導人？他本人也有很強的企圖心來改變。

在經過360度的訪談時，我們發覺員工對他的回饋是他的脾氣大，EQ差，不太會溝通，常常會得罪人。教練就和當事人討論訂定教練合約裡的教練主題：「個人行為的改變」教練和「團隊領導力」教練。目前這個專案還在進行著！

學習心得：

不是每一個接班人教練都是同一個主題，要針對每個候選人的特質來確定教練主題，這要能經過360度或是相關測試才能做有效的判定，更重要的是要經由當事人的選擇和確認。

RAA 時間

反思Reflection 更新Renewal 應用Application 行動Action

1. 在這些案例裡，你學到了什麼？
2. 哪些案例和你的企業有相關之處？
3. 你想如何應用到你的企業來？
4. 何時可以啟動？

不同角度看問題——
成功教練的專業境界

教練是非常「文化導向」的服務；在個人層次，我們甚至會稱它為「來電」，除了要有好的教練技術及好的美譽外，教練也必須與學員能有好的契合，才是合適的人選，「面對面」對談是一個非常重要的引進程式。

網球名將阿格西、福特總裁馬蘭尼，和高球名將老虎伍茲，他們有什麼共同點？

　　他們身後個別都有一位或數位教練，這些教練不一定打得好，跳得高或經營過大企業，但是他們卻可幫助這些臺前的明星閃閃發光。

　　在波音飛機公司，每一位剛被提升的經理人要做的第一件事是找一位信得過的企業教練來幫助他快速適任新的角色及責任，這是多年來的組織發展經驗積累，與教練的合作已成為他們的企業文化。我們相信「企業教練」將很快速在兩岸被接受，讓企業的增長更穩健、更有效、更快速；企業國際化的發展腳步會更平穩順利，風險更小，發展更成功。

　　在本書的調查研究裡，我們也發覺了些歐美企業使用「教練」的小秘密，會在本章和大家一起分享，在還沒進入總結以前，我們先重新審思本書的兩個目的：

如何成為「教練型」主管。
如何引進「教練型」企業文化。

　　我們先要再次說明教練和顧問、導師和心理諮詢師的差異。

教練和導師、顧問的差異與不同價值

　　我們應該清晰的瞭解要引進「企業教練」的目的，也就是要問：企業教練能做什麼呢？

　　全球現有超過一萬個認證的教練，主要在美國，其次在歐洲，然後是澳洲及日本。回答這問題以前，我們要先分辨教練和

其他類似功能專家如導師、培訓師、顧問及心理諮詢師的差異。

教練：

基於雙方互信及好的合作關係，學員和教練藉由開放性的溝通及傾聽，真正瞭解學員的動機及內心需求，教練提供不同的角度來觀察並幫助學員提升高度做思考，發展能力，擴大多種可能選擇的機會，然後由學員自己做最合適的決策，學會自己負責。教練的主要責任是「虛己，樹人：幫助學員發揮自己的潛能，來面對機會和逆境，並陪她們走一段路，幫助他們成功」；教練心中要「忘我」，才能專注學員的需要，成就他人，他們是夥伴關係。企業教練的任務是再晉升一層將企業與個人的目標和熱情接軌，達成企業最高的績效成長。

導師（Mentor）：

這在中國我們叫「老師傅」，基本上是傳授技藝，將導師所知道的毫無保留的教導，至於學員能學會多少，要看學員自己的天分與勤奮了。

導師的責任是「盡其所能，傾囊相授」。現在許多企業也風行「企業內部導師」，這是一個好的制度，可是他所能還蓋的範圍不在「人才潛能發展」部分，他們專注的是「能快速勝任你現在的工作」。Google 和西屋電器都是兩個非常好應用「導師」的例子。

只是，在今日高度緊張及競爭的工作環境下，導師對學員時間上的優先安排，以及是否願意傾囊相授是個挑戰。

顧問：

當我們面對問題時，我們先要決定是要找答案呢？還是找「解決問題的方法及能力」。顧問給「答案」，教練教你「解決問題的能力與方法」，除了解決現在的問題外，也找到並解決問題的根源，下次再發生時就不會再犯錯。

心理諮詢師：

針對客戶的問題或需要，針對過去或現有的心理問題提供解決方案。

對教練有了正確的瞭解後，我們反過來思考：教練能為我們做什麼？基本上，我們可以有兩個角度來回答這個問題（可以參考圖11.1）：

「應用」型專長：

有很多很多新創名詞，但大部分可以分類成：人生轉型教練，生涯規劃教練，企業中層主管教練，潛力人才教練，人生下半場教練……等等。

「專業」性專長：

新角色及責任認知教練，績效教練，創新教練，團隊教練，行為模式轉型教練，領導力教練，跨文化領導教練，全球化合作教練，接班人教練……等等。

換個角度看問題

教練的角色不在提供好經驗，而在以不同角度及高度在「問問題」及「看問題」，有個故事說：

圖11.1 | 「轉型」教練 |

教練角色 ＼ 教練應用 ○：適合 ×：不適合	生涯規畫教練	人生轉型教練	創業者教練	績效改善成長教練	內部教練培育研討會	團隊領導力研討會	多元跨文化教練	家族企業，接班人教練，創業者企業	創新教練	人生下半場教練
生涯規畫教練	○	○	×	×	○	×	×	○	×	○
改變（轉型）教練	○	○	○	○	○	○	○	○	○	○
中高階主管轉型教練	×	×	○	○	○	○	×	×	×	×
跨文化領導力教練	○	○	○	○	○	○	○	×	×	×
經營層主管教練	○	○	○	○	○	○	○	×	○	×
團隊教練	×	×	○	○	○	○	○	○	×	×

　　以前有一個皇帝和一個書法家研習書法，有一天皇帝問這書法家：「你和我的字誰寫的好？」，這可難倒了這書法家，如果他說皇帝的好，那是拍馬屁，可是如果說自己的好，又會讓皇帝面子掛不住，把關係弄僵了，最後他想出來一個妙語：「我的字臣中最好，你的字君中最好」，最後皆大歡喜。這就是教練換個角度看問題的妙義。

企業高層領導人間的共同小秘密

　　在為本書寫作而採訪的過程中，我們發現了一個「最佳企業」領導人身後的共同小秘密：他們都有一位個人教練。由前奇異的傑克・威爾許到福特汽車、波音飛機到高科技企業如英特爾

和微軟，這是高層主管間共知的小秘密，不是他們需要人幫忙解答經營難題，而是他們要有「跳開企業經營規範」的不同角度思路和洞見，以掌握機會，開拓格局，避免風險。這些教練的合作契約大部分是高度機密的，一般不經過人資部門安排。

其次，教練是非常「文化導向」的服務；在個人層次，我們甚至於稱它為「來電」，除了要有好的教練技術及好的美譽度外，教練也必須與學員能有好的契合，才是合適的人選，「面對面」對談是一個非常重要的引進程式。

至於企業內部「企業教練」，我們最常見的運作架構是：

資深副總裁層級以上的人當專案支持者。

由小專案的成功成長到大專案及大團隊，由點到面的擴張和實踐。

此外，許多領導人都直接說他們是「教練」或使用教練領導，這點可能要再審視，它可能被許多領導人誤導或是誤用了。

內部及外部企業教練的定位

我們要先對現在常聽到的「軟實力，硬實力」做個定義，因為這件事正好和內部及外部企業教練的不同意義有關。

軟實力：

個人：這是個人的內心世界，包含全人的靈魂，有最底層的心思，智商，情商，態度（正向，負面），社交能力（人際關係），執行力，困境商數，靈性商數，價值觀，學習力，延伸出來我們日常的「行為，與人互動的能力，領導力」，到最頂層的「生命的終極目的是追求平安喜樂及生命價值」的動力與熱情。

圖11.2 ｜ 教練項目在企業內的運作 ｜

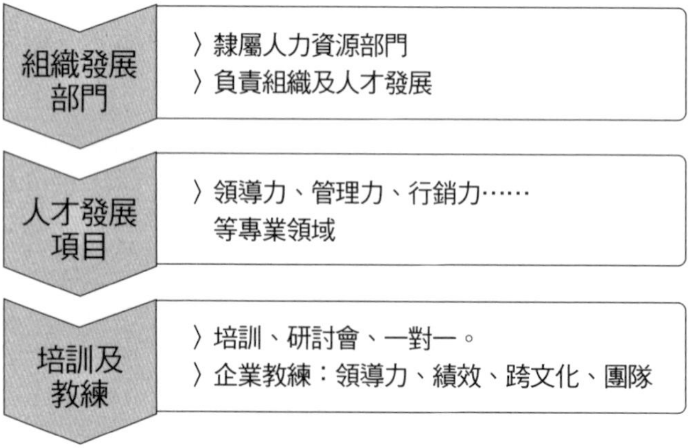

組織發展部門
〉隸屬人力資源部門
〉負責組織及人才發展

人才發展項目
〉領導力、管理力、行銷力……等專業領域

培訓及教練
〉培訓、研討會、一對一。
〉企業教練：領導力、績效、跨文化、團隊

圖11.3 ｜ 教練的定位及專注 ｜

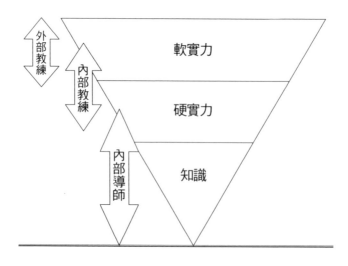

外部教練 內部教練 內部導師

軟實力

硬實力

知識

它要回答及追求以下幾個根本問題：

- 我是誰？
- 我要成為什麼人？
- 我決定怎麼辦？
- 我生命的目的及意義。

企業的軟實力：如果應用到企業，那是企業文化（企業的使命，價值觀，遠景），智慧產權，優化流程，互補性組織，到人員的發展培育等。都是企業個性化的表徵，它是「學不成，偷不走，買不到，搶不著」的寶貝。它是企業競爭力的核心部分。

硬實力：

偏重技藝性，流程或科學性的能力。如設計，財務報表，審查，對事的管理，有標準性，有標準流程，可重複性高。老師傅的傳承經驗可以加速有效達成目標，不至於繞彎路，它也有許多創新的含量。

在生命成長過程中，我們需不斷的學習成長。有些事學校可學到的，但大部分是學不到，而要靠自己的自我認知，在經歷過後，能再有「回饋」的學習過程才成為我們的智慧。我們來想想我們幾個人生重要的功課，我們是哪兒學的？怎麼學到的？

真正的教練，使用有規矩

在此我要引用一份美國設巴（SHERPA）教練機構與IQS研究機構合作，在2008年針對全球一千五百名教練及企業內部人力資源領導人所做的研究調查。研究得出的一些結果如下：

一、企業教練的任務

在合約期限內，定期的與學員做深度對談，幫助學員（可能是領導人）做正向的行為，態度或思路的改變，以提高企業績效。

二、企業教練是經過專業培訓的啟動者和引導者

他們不是培訓師，不是導師或顧問。除了教練技術與能力，教練對人才發展的熱情，對學員文化的瞭解與認同，對學員行業的經驗都是關鍵能力。

三、教練談什麼？不談什麼？

不談教練個人的經驗，也不提建議，不回頭看；專注在「往前看，釋放潛能，確認機會，採取行動，學會負責」的成長路徑。

四、人才發展趨勢：

過去是「改善」缺點。現今是「好可以再更好」，專注未來領導力發展，啟動潛能，提升績效。

五、誰用企業教練？

領導團隊：21％，資深經理人及明日之星：37％ 中層經理人：42％

六、企業教練的資格認證：

72％認為「認證」很重要及必須。（這比例越來越高）

55％認為認證的標準化尤其必要。

74％的企業人力資源發展領導人認同這觀點

大企業新進的外部企業教練則都需有認證。

七、企業教練的社群：

50％的教練是個人執業或是學者。

30％任職於少於五個人的教練企業。

資深企業教練以專案為主，與他人協同合作。

有企業高層管理經驗的企業教練最受尊重及歡迎。

八、教練的背景：

企業高層轉型認證教練。

大學心理或諮詢專業教授及研究學者。

暢銷書作者。

人力資源人才發展專業認證教練。

自學者（參與遠距教學或短期課程）

九、教練的專注項目：

35％一般性的領導力

22％ 高層領導人的特殊專案。

20％ 職位及角色轉變

23％ 其他

十、教練方式：

92％的人力發展領導人相信面對面教練較有效。

73％的企業教練認為最佳教練模式：一半時間面對面，一半時間可有彈性，效果相近。

十一、教練的合約時限：

61％：六個月。

39％：可有彈性。

十二、教練與學員交流的頻率：

28％：每週

33％：隔一周

39％：依需要而定，彈性會面。

十三、教練對企業績效有效嗎？

87％的人力資源發展領導人高度認同。

13%還在評估階段。

十四、企業內有教練效益評估系統嗎？

13%有

87%沒有

跟教練學什麼？可以做什麼？應該做什麼？

企業教練對高層領導人的貢獻是非常傑出的，而且有悠久的歷史。

美國財星五百大企業的高層主管大多有個人教練。企業高層主管很多時候在做決策時是很孤單的，特別是做一些長遠而關鍵性決策，他們需要有經驗的人由不同角度及高度來聽聽他們的想法，企業教練是最佳的選擇。他們既專業有有隱秘性。這為什麼「企業教練」會越來越普及。

依估計，現在全球有一萬五千個教練，含沒有認證的教練，全球最大教練認證機構的會員由1995年的一千五百人增加到2000年的五千兩百人。而要成功執行「企業教練」專案，關鍵的要素有：

第一：高層領導人的啟動與支持。

第二：企業內的學習型組織，教練型文化。

第三：評估及回饋。

第四：合適的教練：客戶企業的文化，市場，差異性，商業背景的瞭解與認同。

第五：要有一個常設機構，流程管理，回饋機制及預算。

其實，外部教練，內部教練及導師制度可以構成企業內部的「人才發展」機制的「鐵三角」，在我們的研究及專訪中，企業界對這三種專業人力都已有些清楚的定位；

導師

他是技藝方面的精進培育或新進員工的輔導者，能使員工能快速進入工作崗位發揮績效，並提供情緒上的支援。在財富五百大企業中，據統計有71％的企業設有「企業導師」制度，它對導師及學員雙方都有「學習相長」的效果，依賓州大學華頓商學院的調查，一千名參與「導師制度」的學員，五年後被升遷的比率為沒參加人員的五倍。

更令人意外的是，擔任導師的員工，自己得到升遷的比率是其他人的六倍。但這要推行起來並不容易，要認清學員的真正需要，為他（她）「找到最合適的導師」是企業內的一大挑戰，在這高度競爭的環境裡，如何讓導師能有安全感，願意傾囊相授，願意撥出他們的時間做好這件事，困難度越來越高，除非它是企業文化的一部分。

內部教練

他是專注在技藝，創新，能力的教練；如企業內部的職位轉換，生涯規劃，發展機會，工作效率強化，人際關係，內外在環境的不確定性，壓力及情緒管理，領導力與管理力建設，客戶較多是中層主管。他（她）們也可能會面對導師制度的相同處境，我們看到有些企業將內部教練當作一個專門職位來實施，獨立與業務運作與考核系統。

外部教練

他則多半是在高層主管，特別是領導階層的教練，專注在「跳開自己思路」、「另類選擇」提升「高度、廣度及深度」及不同角度的探討，也可以是領導人行為的轉型，跨文化的領導力，差異性團隊建設，明日之星的培育時；最佳的選擇。

內部教練的優點及缺點：

優點：瞭解內部文化，語言，問題及機會，較能信任能交流，成本低，時間也較有彈性，如果能力相當，內部教練在「不敏感」主題上會較有效。

缺點：時間的彈性，能量是個問題（雙工，每個月要增加20小時工時），對學員的信用，機密性；專業性，職等頭銜對應的壓力，可能有利益衝突，（內部使用人才發展顧問或專員可以解決）。教練個人對學員的偏見，能力的充實。如何過濾並拒絕不合適的專案，較沒成本概念。

外部教練的優點及缺點：

優點：時間較靈活，可以配合學員的時間，較專業，保密條款，沒權力平衡問題，追蹤，開放討論，信任，在教練能力及技巧上一般上比較專業。

缺點：成本高些，對行業企業及學員的瞭解可能相對會較弱些。

一個更重要的選擇

我們已經知道了內部、外部教練可以為我們做些什麼？如何

使用，也清楚了不同教練的角色及意義外，也許這本書還有個最後的問題是：除了教練，還有發展領導力更好的選擇嗎？

答案是「有」，而這也是本書出版的主要目的之一，那就是：培養每一個領導人具有教練能力。

我們認為這是未來「優秀領導人」必須具備的能力之一，他們是「教練型領導人」，現在這個觀念剛剛起步，但我相信，這是未來領導力發展的大趨勢。

RAA 時間
反思Reflection 更新Renewal 應用Application 行動Action

1. 我個人如何成為一個教練型主管？我的理想，計畫和行動方案是？
2. 我如何使用教練型領導力來帶領我的團隊？
3. 在本書裡，我還學到什麼？

謝辭

關鍵時刻

「專注做好我能改變的，接受我不能改變的，有智慧來
分辨哪些是我能改變的，哪些是不能改變的！」

感謝神，祂給我這一刻，讓我再次站在歷史性的「關鍵時
刻」上，將「教練力」呈現在我家鄉的土地上；感謝我的朋友
們，給我支持和舞臺，讓我能野人獻曝，貢獻所學，服侍眾人，
也讓我們能浩氣蓬勃，盡情揮灑；感謝讀者們，讓我有機會服侍
大家，讓我在人生下半場，能做個有價值的人，讓我在你們的生
命裡，能做光，能做鹽，做個建管道的人；也感謝朋友們，給我
包容及愛心，讓我深信相知相惜的可貴，我不完美，也犯過錯，
但是你們能容我做個真誠的人，不必帶上面具，能支持我做最好
的自己。

在生命裡總有數不盡的貴人值得感恩；在人生的轉捩點，
也總有許多要感激的人和事；在我由「企業高層主管」轉型成為
「企業教練」也不例外：是英特爾總部的前教練專案經理派克女
士（Mariann Pike），他們告訴我必須要重新學習「教練能力」，
才能在人才培育上發揮更大的效果，也因此達成了我人生下半場
的夢想。

我的人生導師曾憲章博士給我許多個人的教導及提供我高階的服務平臺，讓我對教練的價值更有信心；精英公司劉匡華總經理的「五〇七〇」願景為我打開另一扇窗，讓我立志來為這些即將退休的人提供人生下半場的轉型服務；李開復博士和他的「我學網」團隊讓我認知到要幫助年輕朋友，我自己的能力還遠遠不足，教練力是個很好的強化手段；也謝謝許多年輕朋友們，在我學習教練課程還未結業前，他們願意當我的試驗品，願意承擔這風險。

　　赫德遜學院教練團對我的肯定，讓我更具信心，他們給我的評語給我很大的激勵：「結合東方的經驗智慧及西方對事對人的好奇心，陳先生的『追根究底，提升高度，展現視野』的能力，是現今不可多得的全球化企業教練」；也是我在教練圈子裡的一些好友，給我的唯一祝福是「你已預備好了，臺灣和中國的需要將為你而開」，也謝謝在臺灣許多教練界的朋友們，他們無私的協助和不斷的努力，希望將「教練行業」推向企業人才發展的前臺；特別感謝曾郁卿教練和胡稚輝教練，他們提供自己的教練案例，讓這本書更具可讀性。

　　最後，我要感謝我的妻子和家人，因為有他們的支持，讓我能靜下心來，能在短短的時間內做更多的學習，才能提煉出這本書。

　　這本書好似一輛車，它存在的目的是更有效的將更多的人載到他們要去的目的地，這目的是在企業內建立「教練力」。

　　人照鏡子還是看不到自己，除非有光，教練就是那道光；能做光，做鹽，做喚醒點亮他人的人，做建管道的人，我樂此不疲。

關於教練的20個基本問題

　　由於經常會被問到一些有關教練行業的問題，我相信你可能也會有這些疑問，我就用書末這個篇幅來做些介紹，希望能釐清你對這個行業的認知，更了解它能提供的價值。

教練（Coaching）如何起源的？

　　教練的概念起源於19世紀1830年代英國牛津大學校園裡的俚語，意思是「講師們幫助學生順利帶過考關」，也有個說法是在英國的舊式馬車，它將重要的人帶到他要去的目的地；後來這個概念被使用到運動行業，這就是我們今天看到（和沒看到）的運動場上的教練；後來也被沿用到個人發展，成人教學，心理學，組織發展，領導力等等；一直到1990年代中旬，教練才成為一個較獨立的專業學問，國際性的教練組織的成立和它的認證系統更加速它更具標準化和規範化，較具規模的是ICF（International Coach Federation），它在全球有一萬五千名以上會員，在台灣也有分會。

教練做什麼？不做什麼？

　　教練的主要責任是幫助學員（Coachee）帶過「考關」，這個考關就是學員自己面對的「關鍵時刻」，它是基於學員自己主動提出的需求，它對學員必須是「很關鍵，很急和很具重要性」的困境或機會。在教練們心中有一些基本的信念，比如學員不缺知

識，他們缺的是那做決定的智慧和勇氣，和那啟動行動的能量。教練不給問題的答案，而是經由對話，幫助學員釐清自己的動機、目標、可能的選擇，如何做出最佳選擇；最後要自己做選擇，並且勇敢的承擔自己所做的決定，且願意走出去。當然，教練會陪他走一段路，讓他的這個決定成為習慣，成為學員生命的一部分，不管是成功還是失敗，讓這個流程成為他個人的學習之旅，下次再有類似問題或機會來時，他能自己面對處理，而且做得更好。

　　教練不只是要提升學員自己的知識智慧的成長，也要照顧到學員的情感需求，「這是我做的決定，我負責」是教練目標的精髓。

教練（Coaching）和企業導師（Mentoring）有什麼不同？

　　簡單的說，教練是將你的潛力拉出來（Pull-out），他重視的是人的發展，導師是將他的能力給你灌頂（Put-on），另一個常聽到卻易混淆的是「引導者」（Facilitator）是「他搭建一個平台，使你能做你要做的事」（Enabling），他重視的是流程。我們認識的導師大多是企業內的「新兵導師」，幫助新人進入企業流程和了解企業文化潛規則，其次是「不留一手的老師傅：一個資深有經驗的長者對一個較年輕學員的教導和技能傳承」，這是企業核心能力傳承的基礎，是灌頂的流程，它的機制是 IDEA，Instruction（教導），Demonstration（做給學員看），Experience（讓學員自己動手做），Assessment（讓學員寫報告，了解他學到了什麼？），它可能較偏重在技能（硬實力）的傳授。

　　在今日的環境裡，我們還要介紹一種「教練型導師」（Coaching based mentorship），他們使用教練技巧，重點不在教

導技能，而是使用教練型的對話，來激發學員的潛能，活力和擔當，它更重視軟實力的培育。教練型導師們承擔幾個角色：Accompany（陪伴者），Sowing（撒種者，培育者），Catalyzing（激發者），Showing（展示者），Harvesting（收成者）；這是另一層次的師徒關係，它建立在對學員的關心信心和承諾，不在指導，而是陪他走一程，不時的和學員對話─你要達成什麼目標？你的動機是什麼？……，在適當的時機給他一個挑戰和激勵來面對機會或困難，協助他做自己的決定或改變，在學員有知識或能力缺口時教他或做給他看，最後，問他「由這個經歷，你學到什麼，下次你會怎麼做？如何做的更好？」，這是教練型導師，這在企業內部主管們對高潛力人才的培育特別有效，你我都可以學習。

教練和企業顧問（Consulting）又有什麼不同？

我常用這句話來說明這個差別：「顧問給魚吃，教練教你釣到你要的魚的能力」。顧問基本上是個專業的個人或是企業團隊，針對企業面對的機會或是問題提出他們專業領域的意見，可能在法務，會計，轉型，國際化，人力資源……等等，顧問提出的建議案一般都是「行業內的最佳實踐（一雙大鞋）」，至於你願不願執行以及執行時的力道，那就看自己內部的能力了。顧問會為他們提出的最佳方案負責，但是不會為你能不能做到負責，我們常會看到許多「大鞋」型的建議書，讓企業走不動或走不遠，員工對外來的建議案會有天生的排斥性，執行時的熱情和擔當就會大打折扣了。

而教練做的事剛好相反，他會幫助員工自己找到自己的動機，能量和目標，並協助他們找到自己最合適的辦法，自己來做決定，並不斷的給他們挑戰來提升高度，當員工對「自己的決

定」有認同時，他們在執行的態度會完全不同。

　　教練是一個由心的感動到心智（Mind）的決定到手腳（Hand）的行動流程。

教練主要的目的是什麼？

　　教練的主要目的是帶引學員「過考關」，每一個人面對的考關不同，它可能是個困難機會或是轉型改變，但是唯一相同的是這是他們的關鍵時刻，很重要也很急，自己沒辦法走過來，需要他人的幫助；這裡就涵蓋了幾個「可教練」的關鍵元素：一、自己沒法走過來，我需要幫助時，二、這很急，三、很重要。每一個人對他自己的境況和資源最清楚了，專家可能較難在這個節骨眼上提出最佳的解決方案，最好的方法就是「用教練技巧」來幫助他走過來，這包含：釐清方向動機和目標，找出自己的熱情動力和資源，找出可能的選項，給予挑戰來做出最好的選擇，願意自己承擔責任，走出來做出來，找出支持者陪他走一程。

我知道要有教練合約？它重要嗎？

　　合約是個雙方的承諾，不只在商業條件上的承諾，更是在心裡上的承諾：互信和相互的認同是教練合約的基石，代表「我們共同有非常精確的主題和目標要達成，這是我們共同的優先事項，我們有認同的保密協定，教練模型，對話模式和時間表。」這是一個行業的規範，這樣做才會如期的達成目標。沒有合約的對話很容易成為一般的對談，流於禮貌性和表面性的對話，不夠深入和坦誠，也不會有太多的互信機制來做挑戰，那是解決困境的基礎。

教練有哪些應用的種類？

在全球有超過四萬個教練，有些有教練執照，有些沒有。基本上他們在做兩方面的服務：一、個人的教練。二、組織內的個人或團隊的教練。個人教練可能是：個人生涯規劃，職場教練，生命轉型，人生下半場，親子關係，健康，戒掉惡習，運動員……等等。組織內的教練可能是：高層主管們的個人教練，領導力，企業變革，接班人，學習型組織，團隊建造，國際化，創業或新事業，創新，新官上任前九十天，外派人才，高潛力人才，教練型主管培育……等等。

教練流程是怎麼運作的？

教練起源於學員自己的需要，他也必須事先對教練的價值有一定的認識和認同，這是基礎。當學員面對他自己的「關鍵時刻」而需要外來的協助時，他會認同教練是他這時候最佳的選擇，然後才開始這個教練流程：

我需要什麼協助？（這也是挑戰和機會）
我有多少時間和預算？
誰是我最佳的教練人選？（面試教練）
簽訂教練合約：詳細規範教練目的和流程。
開始定期的對談，這會因每個教練的模式而異。

我很成功，我需要教練嗎？我什麼時候需要教練？

成功的人不需要教練，但是當你面對「關鍵時刻」要做一個大的決定或轉變時，教練對你會有價值，這些時刻常常就發生在這些成功人士的身邊。

比如說，一個年輕老闆問我說，「我企業剛上市，我有好幾十個億的現金，我該怎麼辦？」，「我企業高速成長，人才不夠用，我該怎麼辦？」，「我看到一個新的機會，我的團隊又不熟悉那領域，我該怎麼辦？」。

在每一個關鍵時刻，教練可以提供一個不同角度的思路和看法，可以減少盲點和誤判。在歐美，大部分的企業老闆背後都有個教練，為的是提供不同的思路和看見，減少風險。對於個人生命的經營也是如此。

我如何找到對我合適的教練？

在找教練的過程裡，除了要有認證之外，還有兩個關鍵元素：一個是合適於「我」，一個是合適於「我現在的需要」。對於「合適於我」的教練，你要和教練直接面談，感受到雙方的信任信心和尊重，談話要能「對味投緣」，要省察在這個對話時間裡，是你說話的時間多，還是他？教練要有「一盞燈，一席話，一段路，虛己，樹人」的心志，要有能聽的耳，正向積極的心態，在關鍵時刻提出能使人「頓悟」的問題來，這才能建立正向積極對話的基礎。

而對於「合適於我現在的需要」，有幾個元素可以考量：他聽得懂你對「需要」描述的話語嗎？他能「感受」到你的痛嗎？找到「對的教練」比「對這課題有經驗」重要。好的教練來自於口碑，而不是靠「廣告」宣傳，他也必須是個好的學習者，能很快的進入你的情境，對每個人的不同個性能認同和了解。

我如何和教練合作來強化教練對我的價值？

答案是要能談得來，雙方要能有信心和信任，學員願意暫停

下來，要能主動提出需要幫助的主題，並願意開誠佈公的和教練談論他心裡最底層、最私密的感覺思路和態度，要能接受教練的挑戰而不會受傷，並主動正向的溝通，談論結束後，自己可以做得出總結：

「我學到什麼？我怎麼應用在我的身上？什麼時候開始實踐？」並且，讓教練知道你的決定，也允許讓他陪你走一程。

和教練對談時好累，我如何做得更有效？

教練不給答案，而是幫助你找到你自己最合適的答案，它涵蓋自我的認知，自我的可能選項選擇和決定，自我的企圖心，自我的激勵和負責，教練不是名詞而是動詞，是身心靈的整合動作，先有「心靈」的察覺決心，再回到「身」的起而行，好似減重，不只要找到自己「合適喜歡和願意」採用的方法，並且自己要做承諾，起而行，教練還會陪你走一程，這才是教練的目的。

教練的合約一般是多長？它貴嗎？教練的認證重要嗎？

這些都沒有硬性的規定，有些個人以小時計費，企業內部大都以季度做單位，更多的是以兩個季度六個月做單位，因為教練的主題較為深且廣，需要些時間來做轉化，比如說企業高層的領導力，組織變革等主題等。也有企業老闆簽年度合約，因為對於他，這是個關鍵年。至於價格也因人而異，不要怕價格貴，而是要找對人；更何況有許多的教練在做免費的社會服務呢？當你有需要時，不要怕，要走出去敲教練的門！

有關教練認證的問題，除了少數資深的教練界前輩外，大部分使用教練的企業認為認證是必須的，這好似「你願意找沒認證的醫生看病嗎？找沒認證的律師為你辯護嗎？找沒認證的會計師

為你做帳嗎？」，這道理是一樣的。

哪些人合適從事教練的工作？

今天教練行業裡有三種資歷的教練：一是由企業高層退下來，再重新學習並經過認證的教練，一種是企業內有組織人才發展背景的專業，最後一種是「心理學專業」人員。不管他們來自何種背景，只要有顆「正向積極助人」的心，願意傾聽，有好奇心和關心，能跳開學員的情境，用正向態度給予不同的思路和挑戰，適時激勵學員，採取行動，定時做反思學習，做個陪伴者，引導者，挑戰者，激勵者，支持者和學習者，他就是個好教練。

學習成為教練，它需要多長的時間呢？它貴嗎？

這個則看各教練培訓機構和個人的時間安排不同，一般的課程安排是八個月到一年多一些，有些學院有些先修課程。如果你是在職，要利用自己的時間做進修，那時間可能要再長些。修課的價格也因學校和它教學的方式而異，有些是定期面對面教導，有些則是用遠距教學；價格差距頗大，由台幣幾萬到幾十萬，在美國修完課夠資格申請執照一般成本是一萬到兩萬美元間，它的好處是可以結交到許多國際級企業高層主管和教練，教練認證對他們好似EMBA一樣重要。

組織如何有效的引進教練服務，如何生根？

教練引進企業較成功的方法，是由一個高階主管自己先用，如果確認有效，再推介給其他的高層主管，開始建立信心和共識，然後當企業面對「關鍵時刻」時，引進合適的教練來做「領導力研討會」，這是「團隊教練」的基礎。當大家對教練的價值

有感覺後，才再往下延伸。在還沒引進教練服務以先，企業必須要先鬆土：學習型組織，企業導師和對教練價值和運作的介紹都是必要的基礎。

教練要在組織內生根，最重要的是要有個教練型的企業文化，它涵蓋的層面很廣，最主要的有幾點：第一：主管心中要有人（而不是目中無人只是數字），要能肯定他人（員工）的智慧能力和情感，對於整天快速步調的主管，這是一個大挑戰。第二：要能用正向肯定的話語來面對他人，而不是指責和給壓力。這是由工業化社會轉型到服務型社會的指標。第三：要能夠靜下來，傾聽他人的聲音，要能慢下來尊重接受和平等的來和員工對談，基於安全的對話環境，員工才會交心，才能釋放潛能，好運（Possibility）才會發生。

最後是要能建立善的循環，建立一個組織內部的支持體系來激勵它發生。主管們要先鬆土，要表現誠意，要能以身作則，要能堅持；它在前端的投入大，可是它在後端的爆發力更是大。

如何培育具有「教練力」的主管？主管為什麼需要教練能力？

教練力可以當作一門技術，適當的引導再加上多練習就可以了；也可以當作一個人的領導力，它需要個人由心底做轉型。

依據我們的調查，主管需要教練能力最主要的原因有兩個：第一是人才的流失，特別是優秀的年輕的員工，用老一套的管理模式確定是不行了。第二是員工對企業（文化價值觀和領導力）的認同接納和承諾。

對台灣企業的人力發展，有什麼建議？

在過去幾十年，台灣的成功是基於工業化的成果，我們忙於討論效率流程（SOP）及考核績效指標（KPI），而缺少人性化的領導力發展。現在我們正在經歷整個行業和社會的變革轉型，由代工製造轉型自有品牌的國際化經營，創新和服務已是企業必須要發展的價值，人才的經營成為企業發展的重要課題。我們先要做鬆土的動作，將過去「老闆說了算，老闆英明」的文化，改變成為「大家參與再做決策」的組織，要積極建立學習型組織和企業內「教練型導師」制度，然後教練對經營者和組織發展才會有價值。

教練對企業現階段的價值：

我們今日的企業共同面對幾個急迫的問題：國際化，企業轉型和企業接班人。每家企業的背景，面對的情況和企圖心都不同，它的解法也不同，國內外成功企業的最佳範例不見得是合適於自己的企業。企業教練是個深度文化導向的專業，在「關鍵時刻」，它能協助個人和企業走過困境，找到自己最合適的解決方案。

我所認知的教練的幾個明顯的價值：（1）如果教練的服務使用得當（教練不是萬能），它對企業的投資報酬率（ROI）是高的。我們有足夠的數據來支持這個論點。（2）引進教練文化會強化企業內部創新環境並加速改革。（3）教練式文化會高度釋放員工的潛能。（4）團隊成員和主管間的關係和信任度會大大的提升。（5）被教練的人一定要是企業內高潛力、高價值和高認同的人，否則效果會被打折。（6）在教練過程中要選定學員信得過、也願意支持學員改變的人（Stakeholder），他們的參

與對教練流程非常的關鍵。（7）要能將個人的使命目標和企業的使命目標要能做深度連結，才能建立高效活力團隊。學員的教練目標也需要和企業的目標結合才能創造企業價值。（8）保持和學員間對話的機密性是教練的基本要求，建立以和互信和安全的對話環境是教練成功的關鍵。如

果老闆一定要知道，最好由學員自己來報告或是學員和教練共同在場的三人對話。（9）用評估的工具和技巧來幫助學員提升自己的覺察，更清晰的了解自己的目標需求，也可以來了解教練績效。（10）不要貪多，單一目標，積累每日的一小步，就是未來改變的一大步，可以小量多餐。

教練裡的關鍵詞：

在教練流程裡有許多的關鍵詞，你可以找個教練朋友聊聊，這其實也是我們每一個人在成長過程需要經歷的一些身心靈課題呢？我用英文字母序來排列，可能名單還不完整，這是個參考版，有興趣的人可以來信，我們共同來做更深入的探討。

A：Awareness（察覺），Assessment（評估），Authentic（真誠），Acceptance（接納），Accountability（有擔當），Achievement（成就），Appreciation(欣賞讚美)，Application（應用，轉化），Action（行動）

B：Being（人本，自我覺察），Behavior（行為），Building（建造）

C：Coach（教練），Change（改變），Culture（文化），Champaign（啟動者），Curiosity（好奇心），Co-creative（互動創造），Clarity（釐清），Check-in（報到，連結），Choice（選

擇），Chance（機　會），Challenge（挑　戰），Competence（能力），Commitment（承諾）

D：Diversity（多　元　化），Decision（決　定），Doing（實行），Discipline（紀律）

E：Energy（能　量），Emotion（情　感），Empathy（同　理），Engagement（連　結），Evolution（改　善），Exploration（引　爆），Effectiveness（有效果），Explore（試探），Execution（實行）

F：Flow（心中舒暢），Focus（專注），Freedom（自由）

G：GROW，GROWS 2.0

H：Happiness（快樂幸福），Habit（習慣）

I：Initiative（開　始　啟　動），Involvement（參　與），Invitation（邀　請），Inspiration（激　勵），Innovation（創　新），Inner peace（心境平安），Inner game（內心世界），Integrity（正直）

K：Knowledge（知識）

L：Learning（學習），Learner（學習者）

M：Mentor（導　師），Meaning（意　義），Mirror（鏡　子），Motive（動機），Mindfulness（用心）

O：Option（選擇），Openness（開放）

P：Possibility（可　能　性），Presence（就　是　現　在），Passion（熱　情），Performance（績　效），Proactive（Listening，learning，pause—主動傾聽，學習和暫停），Positive（Energy，attitude，cycle—正向能量，態度和循環），Partnership（夥伴），Peace（平和），Platform（舞台，平台），Purpose（目的），Priority（優先次序），Plan（計　劃），Practice（行　動），Provision（資　源），Prosperity（慶賀）.

Q：Questioning（問問題），Query（探詢）

R：Reflection（反思），Renewal（更新），Respect（尊重），Relationship（關係），ROI（投資報酬率），Result（結果），Reward（獎勵）

S：Sustainability（持續力），Synergy（協同合力）

T：Transformation（轉型），Trust（信任）

V：Value，VIA（Value in Action—強化，捨棄，學習）

如果你還有教練相關的問題，歡迎你來信到我的郵箱：Daviddan2007@Gmail.com，我會很高興為你服務。

幫員工自己變優秀的神奇領導者（經典新版）
能問會聽、不靠權力，今日企業最需要的教練型主管

COACHING BASED LEADERSHIP
How the Best Leaders Help Others to Grow?

© 陳朝益，大寫出版 2010，2024
Traditional Chinese edition copyright©2024 by Briefing Press, a division of AND Publishing Ltd.
All Rights Reserved.

書系｜使用的書In Action!　書號｜HA0011R

著　　　者　陳朝益（David Dan）
行 銷 企 畫　廖倚萱
業 務 發 行　王綬晨、邱紹溢、劉文雅
總 編 輯　鄭俊平
發 行 人　蘇拾平

出　　　版　大寫出版
發　　　行　大雁出版基地 www.andbooks.com.tw
　　　　　　地址：新北市新店區北新路三段207-3號5樓
　　　　　　電話：(02)8913-1005 傳真：(02)8913-1056
　　　　　　劃撥帳號：19983379　戶名：大雁文化事業股份有限公司

二 版 一 刷　2024年2月
二 版 二 刷　2024年6月
定　　　價　650元
版權所有 · 翻印必究
ISBN 978-626-7293-37-9
Printed in Taiwan · All Rights Reserved
本書如遇缺頁、購買時即破損等瑕疵，請寄回本社更換

國家圖書館出版品預行編目（CIP）資料

幫員工自己變優秀的神奇領導者：能問會聽、不靠權力，今日企業最需要的教
練型主管 / 陳朝益著｜二版｜新北市：大寫出版：大雁出版基地發行，
2024.02
376面；14.8x20.9公分.（使用的書In Action!；HA0011R）
ISBN 978-626-7293-37-9（平裝）

1.CST: 企業領導

494.2   112020500